自动气象站
观测技术及应用

刘佰 周锋 等编著

Automatic Weather Station
Observation Technology
and Application

化学工业出版社
·北京·

内容简介

《自动气象站观测技术及应用》以气象观测技术为主线，结合现行国产自动气象站技术在不同行业领域的应用情况，从硬件组装、设备调试、设备维修维护到技术应用等多个方面阐述了不同类型自动气象数据采集器、各类自动气象要素传感器、智能与非智能自动气象站的相关技术，以及生态自动气象站和农田小气候站等应用场景。此外，本书还系统介绍了自动气象站维护与故障维修、中心站软件和数据保障平台建设等技术支持内容。

本书适合基层气象台站业务人员、气象设备和气象仪器技师等从事气象装备保障工作的一线人员参考使用。也可作为高等院校大气科学（气象仪器类）、大气探测专业学生学习的参考用书。

图书在版编目（CIP）数据

自动气象站观测技术及应用 / 刘佰等编著. -- 北京：化学工业出版社，2025. 2. -- ISBN 978-7-122-46940-3

I. P415.1

中国国家版本馆 CIP 数据核字第 2024NN4825 号

责任编辑：吕　尤　　　　　装帧设计：张　辉
责任校对：张茜越

出版发行：化学工业出版社
　　　　　（北京市东城区青年湖南街 13 号　邮政编码 100011）
印　　装：北京天宇星印刷厂
710mm×1000mm　1/16　印张 15¼　字数 259 千字
2025 年 3 月北京第 1 版第 1 次印刷

购书咨询：010-64518888　　　　　售后服务：010-64518899
网　　址：http://www.cip.com.cn
凡购买本书，如有缺损质量问题，本社销售中心负责调换。

定　　价：148.00 元　　　　　　　版权所有　违者必究

前言

自动气象站（简称为自动站）观测技术是现代气象科学领域的一项重要创新，它集成了传感技术、数据采集技术、无线通信技术和自动化控制技术，实现全天候、连续、实时地监测各类气象要素，极大提升了气象观测的效率和准确性。本书从现行国产自动气象站技术在不同行业领域的应用情况入手，内容涵盖：不同类型自动气象数据采集器、各类自动气象要素传感器，以及智能与非智能自动气象站等；从硬件组装、设备调试、设备维修维护到技术应用；从数据库和中心站软件安装和设置，到数据保障平台建设。书中的内容从非智能设备到智能设备逐渐过渡，有常规的设备介绍也有有趣的科普知识，除感叹时代的变迁，亦能感受科技的进步。

全书的构思及框架由刘佰、周锋、段森瑞、刘兴丽负责。排版及校对由关宁欣、刘衍辰负责。第1章是全书的绪论部分，由段森瑞负责编写。第2章主要介绍了现行技术领域中自动站的数据采集器的型号、组成结构和可用命令及调试参数。第3章介绍了要素传感器在自动站中的应用。第4章和第5章分别介绍了国内智能自动气象站（以下简称智能站）及非智能自动气象站的应用情况。第2~5章主要由段森瑞、宋成文、史国庆、李诣、李佳彬、王秀娟、邵珠航编写。第6章主要介绍了自动站在生态环境监测中的应用，由史国庆负责编写。第7章介绍了自动站在现代农业中的应用，由李诣负责编写。第8章主要讲述了对各类自动站及传感器的维护维修，由周锋、段森瑞、赵锐负责编写。第9章主要对连接自动站到应用设备中使用的中心站软件进行了详尽的描述，由周锋、关宁欣、刘衍辰、王秀娟负责编写。第10章列举了自动站数据在实践中的应用，由李诣、关宁欣、刘衍辰负责编写。

本书自编写到出版成书，历时一年，其间得到华云升达（北京）气象科技有限责任公司、华云尚通科技有限责任公司、航天新气象科技有限公司的大力支持，在此表示衷心的感谢！同时，对向本书提出修改意见的各位专家、同仁表示衷心的感谢！

编者

2024 年 5 月

目录

第 1 章　绪论 ………………………………………………………… 001
　1.1　自动气象站发展历程 ………………………………………… 001
　1.2　自动气象站的分类 …………………………………………… 002

第 2 章　自动气象数据采集器 …………………………………………… 006
　2.1　华云升达系列数据采集器 …………………………………… 006
　　2.1.1　HY324 数据采集器 …………………………………… 006
　　2.1.2　HY364 数据采集器 …………………………………… 008
　　2.1.3　HY3000 数据采集器 ………………………………… 008
　2.2　DYYZ-Ⅱ型自动气象站数据采集器 ………………………… 009
　2.3　WUSH-PWS10 智能自动气象站 …………………………… 010
　2.4　CAWSmart 智能自动气象站 ………………………………… 013
　　2.4.1　组成结构 ……………………………………………… 014
　　2.4.2　技术指标 ……………………………………………… 016

第 3 章　自动气象要素传感器 …………………………………………… 017
　3.1　气象要素传感器的基础知识 ………………………………… 017
　　3.1.1　传感器定义与组成 …………………………………… 017
　　3.1.2　传感器的特性 ………………………………………… 018
　　3.1.3　传感器信号变换原理和分类 ………………………… 018
　3.2　常用的气象传感器 …………………………………………… 019

  3.2.1　温度传感器 ·· 019
  3.2.2　湿度传感器 ·· 020
  3.2.3　温湿度传感器 ·· 021
  3.2.4　风向传感器与风速传感器 ·· 022
  3.2.5　翻斗式雨量传感器 ··· 026
  3.2.6　称重式降水传感器 ··· 028
  3.2.7　气压传感器 ·· 029
  3.2.8　雪深仪 ·· 030
  3.2.9　蒸发传感器 ·· 032
  3.2.10　光电式数字日照计 ·· 033
  3.2.11　地温传感器 ··· 034
  3.2.12　冻土传感器 ··· 035
  3.2.13　前向散射能见度仪 ·· 036
  3.2.14　降水现象仪 ··· 037
  3.2.15　地基闪电定位仪 ·· 039
  3.2.16　天气现象视频智能观测仪 ······································· 040
  3.2.17　视程障碍现象仪 ·· 042
 3.3　WUSH-PWS10 智能传感器 ··· 043
  3.3.1　DWZ2 智能气温测量仪 ·· 043
  3.3.2　DHC2 智能湿度测量仪 ·· 044
  3.3.3　DEB2 智能风测量仪 ·· 045
  3.3.4　DSDZ1 智能翻斗雨量测量仪 ······································ 046
  3.3.5　DYG2 智能气压测量仪 ·· 047
 3.4　CAWSmart 智能传感器 ··· 048
  3.4.1　DWZ1 智能气温测量仪 ·· 048
  3.4.2　DHC1 智能湿度测量仪 ·· 050
  3.4.3　DEB1 智能风测量仪 ·· 051
  3.4.4　DSDZ3 智能翻斗式雨量测量仪 ···································· 053
  3.4.5　DYG1 智能气压测量仪 ·· 055

第 4 章　智能自动气象站 ·· 057
 4.1　WUSH-PWS10 型 ·· 057

4.1.1　设备概述及特点 …………………………………………… 057
4.1.2　设备调试 ………………………………………………………… 058
4.2　CAWSmart 型 ……………………………………………………… 062
4.2.1　设备概述及特点 …………………………………………… 062
4.2.2　系统架构 ………………………………………………………… 062
4.2.3　智能节点控制器 …………………………………………… 062
4.2.4　太阳能供电单元 …………………………………………… 065
4.2.5　设备调试 ………………………………………………………… 067
4.3　终端操作命令 …………………………………………………………… 072
4.3.1　WUSH-PWS10 型自动气象站 ……………………… 072
4.3.2　CAWSmart 型自动气象站终端命令 …………… 074
4.3.3　共用命令 ………………………………………………………… 080

第 5 章　非智能自动气象站 ………………………………………… 084

5.1　华云升达系列自动气象站 ……………………………………… 084
5.1.1　系统工作原理 ………………………………………………… 084
5.1.2　供电系统 ………………………………………………………… 087
5.1.3　华云系列站设备调试 …………………………………… 091
5.2　长春 DYYZ-Ⅱ型自动气象站 ………………………………… 097
5.2.1　技术指标 ………………………………………………………… 097
5.2.2　供电系统 ………………………………………………………… 098
5.2.3　通信系统 ………………………………………………………… 098
5.2.4　设备调试 ………………………………………………………… 099
5.3　终端操作命令 …………………………………………………………… 101
5.3.1　HY3000 型数据采集器通信服务器参数配置命令 …… 102
5.3.2　HY3000 型数据采集器常用命令 ………………… 115

第 6 章　生态自动气象站 …………………………………………… 128

6.1　功能特点 …………………………………………………………………… 128
6.2　应用场景 …………………………………………………………………… 129
6.3　系统组成 …………………………………………………………………… 131

6.3.1 数据采集单元 …………………………………………………… 131
6.3.2 摄像机单元 ……………………………………………………… 134
6.3.3 传感器单元 ……………………………………………………… 135
6.4 设置及命令 …………………………………………………………… 140
6.4.1 调试 HY900 …………………………………………………… 140
6.4.2 调试采集器 HY1300 …………………………………………… 147

第 7 章 农田小气候站 …………………………………………… 149

7.1 系统结构 ……………………………………………………………… 149
7.2 技术指标 ……………………………………………………………… 150
7.2.1 电气技术指标 …………………………………………………… 150
7.2.2 机械技术指标 …………………………………………………… 152
7.3 使用方法 ……………………………………………………………… 153
7.3.1 系统接口介绍 …………………………………………………… 153
7.3.2 液晶显示状态说明 ……………………………………………… 156
7.4 设备安装 ……………………………………………………………… 156
7.4.1 安装位置选择 …………………………………………………… 156
7.4.2 安装步骤 ………………………………………………………… 157
7.5 常用命令 ……………………………………………………………… 158
7.5.1 HY1001 常用命令 ……………………………………………… 158
7.5.2 HY814 常用命令 ………………………………………………… 160
7.6 系统维护 ……………………………………………………………… 162
7.7 常见故障诊断 ………………………………………………………… 166
7.7.1 测量故障诊断 …………………………………………………… 166
7.7.2 通信故障诊断 …………………………………………………… 166
7.7.3 电源系统故障诊断 ……………………………………………… 167

第 8 章 自动气象站维护与故障维修 ………………………… 168

8.1 传感器安装要求与维护 ……………………………………………… 168
8.2 几种常见自动气象站故障分析及应用 ……………………………… 176
8.2.1 华云系列自动气象站典型故障及维修方法 …………………… 177

8.2.2　WUSH-PWS10 自动气象站典型故障及维修方法 …………… 196

　　　8.2.3　CAWSmart 自动气象站常见故障及维修方法 ……………… 199

第 9 章　中心站软件 …………………………………………………… 204

　9.1　数据库 ……………………………………………………………… 204

　　　9.1.1　数据库的安装 ………………………………………………… 204

　　　9.1.2　数据库安装注意事项 ………………………………………… 206

　　　9.1.3　数据库的设置 ………………………………………………… 206

　　　9.1.4　数据库的备份和还原操作 …………………………………… 207

　　　9.1.5　数据库常用操作命令 ………………………………………… 208

　9.2　中心站软件安装 …………………………………………………… 212

　9.3　软件参数设置 ……………………………………………………… 212

　　　9.3.1　中心站参数设置 ……………………………………………… 212

　　　9.3.2　添加子站参数 ………………………………………………… 214

　9.4　数据宏修改 ………………………………………………………… 217

　　　9.4.1　数据宏设置 …………………………………………………… 217

　　　9.4.2　数据库配置 …………………………………………………… 218

　　　9.4.3　常用数据宏格式 ……………………………………………… 218

　　　9.4.4　数据宏字段的修改 …………………………………………… 220

　9.5　数据库实时转换工具 ……………………………………………… 220

第 10 章　数据保障平台建设 …………………………………………… 222

　10.1　实时监测 ………………………………………………………… 222

　10.2　图表监测 ………………………………………………………… 223

　10.3　数据查询 ………………………………………………………… 225

　10.4　数据统计 ………………………………………………………… 226

　10.5　到报统计 ………………………………………………………… 228

　10.6　台站信息 ………………………………………………………… 228

　10.7　区域设置 ………………………………………………………… 230

参考文献 ……………………………………………………………………… 231

第 1 章

绪 论

　　自动气象站是一种能自动观测、存储和传输气象观测数据的设备,由气象传感器、微电脑气象数据采集器、电源系统、百叶箱和气象观测支架、通信模块等部分构成,能够自动探测多种气象要素,如气压、温度、湿度、风向、风速、雨量等,还可根据不同需求扩充其他测量要素。自动气象站可自动生成报文,定时向中心站传输探测数据,也可满足中小河流的洪涝及易灾地区生态环境综合治理的气象监测。自动气象站是气象部门的一个标志性"符号",为气象部门进行气象测报、预报等服务提供支撑,是弥补空间区域上气象探测数据空白的重要手段。对大部分人来说他们看到的都是一个笼统的气象站,但实际上从气象业务性质、服务对象和相关行业来讲,自动气象站种类众多、大小不一,可以说是一个令人"眼花缭乱"的大家庭。

1.1 自动气象站发展历程

　　早在 1743 年,西方传教士开始在我国北京建立测候所,进行气象观测。我国于 1912 年在北京建立第一个自己的气象台——中央观象台。此后,民国政府有关部门、院校逐步在各地建立测候所、气象台。1945 年中国共产党在延安建立解放区的第一个气象台,在东北、华北解放区也相继建立了一些气象台站。1949 年新中国成立后,气象台站建设进入了一个崭新的历史时期。1999 年 7 月,我国从芬兰引进的 5 套自动气象站投入业务运行，这是我国首次将自动气象站数据作为正式观测资料使用，它标志着我国地面气象观测进入了一个新的里程。同时，1999 年我国开始建设自行生产的第一批自动气象站，并于 2000 年 1 月起正式投入业务运行。随后，我国加快了自动气象站建设速度，2000—2001 年在四川、重庆、湖南等地建了 32 个自动气象站；2002 年新建了 582 个自动站；2003 年底，全国气象部门累计有 1606 个自动气象站（含中尺度站）投入运行。2004 年底，全国气象部门累计有 3548 个自动气象站（含中尺度站）投入运行。2005 年以后进入普及阶段，2005 年一年就建成 3290 个自动气象站。根据 2023 年最新统计结果，我国已建成由 7 个大气本底站、25 个气候观象台、超 70000 个地面自动气象观测站、120 个高空气象观测站、236 部新一代天气雷达、7 颗在轨运行风云气象卫星等组成的综合气象观测系统，乡镇地面气象观测站覆盖率达 100%。随着地面气象观测业务全面进入自动化时代，观测频次提高 4~8 倍，数据量增加 5 倍以上，数据传输速度优化至秒级。中国气象台站的分布密度、观测质量和时效已达到或超过世界气象组织要求的标准。

1.2 自动气象站的分类

目前全国气象行业共有四千多个各类气象台站（主要是有人气象站），根据设站目的的不同，其人员、场地、仪器设备和所承担的任务等也有差异。按照不同的分类原则，气象站也会有不同的"小名"。

根据对自动气象站人工干预情况将自动气象站分为有人自动站和无人自动站。根据收集气象观测资料的传输方式不同，将自动气象站分为有线遥测自动气象站和无线遥测气象站，其中无线遥测气象站包括测量系统、程序控制和编码发射系统、电源三部分组成，通常能连续工作一年左右，可在 1000 公里之外的控制中心指令或接收它拍发的电报，也可利用卫星收集和转发它拍发的资料。该类型站通常安置在沙漠、高山、海洋（漂浮式或固定式）等人烟稀少的地区，用于填补地面气象观测站网的空白。目前市场上的自动气象站种类有很多，按照监测方式可分为手持式气象站、车载式气象站、无线遥测气象站、有线遥测气象站、便携式气象站、超声波一体式气象站。

手持式气象站 这种气象站是最小的气象站，由手持仪表和传感器组成，便于携带，测出来的数据现场直接显示。但是这种气象站一般不具备远程功能，且连接的传感器较少，不能扩展连接。

车载式气象站　这种气象站是专门针对车辆、船舶等应急环境检测设备而设计的可移动式的观测气象站，其连接传感器的数量相对也比较少。

无线遥测气象站　这种气象站是目前最为先进的气象站，它采用物联网模式，通过 GPRS 数据传输方式将数据上传至网络平台，凡是有网络的地方，都随时可以登录平台查看气象站现场数据。且有短信预警提示功能，能扩展连接很多传感器。这种气象站又称为无人自动气象站，较早的有长春 DYYZⅡ系列和华云升达系列非智能类自动气象观测站，最近的有 WUSH-PWS10 和 CAWSmart 两种型号智能类自动气象观测站。

有线遥测气象站　这种气象站使用传统气象站的监测方式，感应部分与接收处理部分相隔几十米到几公里，其间使用有线通信电路传输。传感器将数据通过连接线传输到 PC 机上。这种方式适合于有人值守区。

便携式气象站　这种气象站适用于监测野外气候，将数据直接传输到数据采集器中，数据采集器将数据存储下来，工作人员定期采集现场数据。这种气象站最大的好处就是方便移动，成本相对低。

超声波一体式气象站　该一体式气象站应用超声波技术，内置电子指南针设备，安装时不再有方位的要求，只需保证水平安装即可，可在海运船舶、汽车运输等移动场合的使用，安装时无方向要求。该气象站可集风速、风向、温湿度、噪声、$PM_{2.5}$ 和 PM_{10}、CO_2、大气压力、光照等检测于一体，广泛适用于绝大部分场合。

按照观测性质区分，气象站可以分为天气站、气候站、农业气象站、天气雷达站、海洋气象站、高空气象站、专业气象站、环境气象观测站、校园气象站、流动气象站和无人自动气象站等。

① 天气站是根据各级气象台天气预报的需要所设置的气象观测站。这些站需要在规定的同一时间进行观测，并向天气预报单位发送天气报告。按照监测方式和发报时次的不同，天气站可以分为三级：第一级为基本站，承担国家发报任务，每天观测 4～8 次并发报。其中一部分还要承担全球和区域的数据交换任务；第二级为自动站，在需要设站又不便建立人工站的地方，设置自动站，观测项目和发报时次根据情况确定；第三级为一般站，主要满足省一级气象服务的需要。

② 气候站是为了获取一个地方的气候资料，依据科研部门和服务部门的需要而建立的基层气候观测机构。每天需要在规定的时次对规定的气候要素进行观

测，并将观测结果整理编制成候、旬、月、季、年记录报表发送上级气象部门。气候站根据建站目的、分布密度、观测项目和时次的不同，气候站分为三级：第一级为基准气候站，是国家气候站的"骨干"；第二级为基本气象站，是国家气象站的"主体"，其数量最多；第三级应用站是为了满足某些特殊气候要素的观测而设。这三级气象观测站和为了研究山地、高山、海岛等特有气候规律而专门设置的应用气象站一起构成我们的观测站网。

③ 农业气象站主要用来开展农业气象观测，是国家和区域农业气象站网络的基础，其主要任务是在有代表性的地段进行农林作物、牧草等生育状况的观测，物候观测以及平行的气象观测和自然灾害观测，以及土壤湿度观测；同时还要编制农业气象观测报表；在有条件的地方适当开展当地或区域的农业气象服务工作。农业气象站按观测任务的不同分为农业气象基本观测站和农业气象一般观测站。

④ 天气雷达站顾名思义就是安装有天气雷达的气象站，这类台站可以通过雷达探测天气系统（主要是降水和含水量较大的云体）的位置、分布和状态，是进行短时临近预报的重要工具，尤其是能对强对流天气（如冰雹、龙卷风）的预警发挥重要作用。目前我国投入运行的新一代天气雷达共有 252 台。

⑤ 海洋气象站是指具有适当的装备和技术人员，在海上保持固定位置的气象站，一般设在海岛和灯船上，定时进行水文、气象观测。它可以增加海区水文、气象观测网点，弥补海区内水文、气象资料的空白，为海区内的水文、气象预报提供依据。

⑥ 高空气象站是担负高空气象探测任务的气象站。根据气象业务服务部门对高空气象情报的不同需要，又分为进行高空气压、温度和湿度探测的探空站与只探测高空风的测风站。目前我国共有 120 个高空气象站。

⑦ 专业气象站主要是指布设在如流域、盐场、林场、渔场及机场等地点，为这些行业提供气象服务的气象站。由相关行业和部门按照一定的规范和标准以及自身服务的需求而建设，并自行维护。

⑧ 环境气象观测站是指为了研究近地面大气运动引起的污染物扩散、输送、迁移和转化过程而布设的气象站。近些年由于环境问题越来越突出，气象部门也加强了环境气象站建设，数量不断增加。

⑨ 校园气象站是指学校在气象部门指导下在其校园内建立的气象站。气象观测要素的配置方式可以根据实际情况的需要进行灵活选择，同时为了满足学生的动手实践需要，可配备干湿球温度表、最高最低温度表、百叶箱、风向风速

仪、日照计等气象观测仪器。近些年伴随着科普进校园工作的开展，校园气象站的建设也迎来了一轮爆发式的增长，据不完全统计，目前全国有超过2000所学校建设有校园气象站，校园气象站的建设对于学校持续性开展校园气象科普活动及气象科技教育提供了坚实的硬件基础。

⑩ 流动气象站是在某些特定时间、地点根据专业生产服务的需要而设立的气象站。其特点是没有固定观测时间和没有固定观测场地。现在一般使用气象观测车或是临时架设轻便观测仪器进行短期气象观测。

⑪ 无人自动气象站是指能自动收集和传递气象信息的观测装置。一般主要观测气压、气温、相对湿度、风速风向、雨量等基本气象要素。适用于海岛、高山及边远地区不便建立有人观测站的地方。如按照服务对象分，可以分为盐场气象站、林场气象站、水文气象站、渔场气象站、民航气象站等；如按照气象站的建设位置分，可以分为山地气象站、海岛气象站、高山气象站、沙漠气象站等。

不同性质的气象站按照不同的监测方式及定制的数据格式为国家及地方提供着气象情报，是地面监测天气站网的重要单元。按站所在的地形特点，可以分为高山气象站、海岛气象站、山地气象站。高山气象站是设在高山上的气象站。在我国，高山气象站均属于国家基本天气站和基本气候站，其积累的观测记录资料是研究相应高度上气象状况的重要气象依据。同时，位于海拔高度1500m和3000m的高山站的基本天气报告相当于850百帕和700百帕等压面的重要气象情报，因此，天气预报部门往往把高山站作为天气预报的指标站；海岛气象站是设在海岛上的气象站。有的站除了担负常规气象观测外，还增加了海浪、海水温度等观测项目。海岛气象站是观测海洋气象状况的重要场所；山地气象站是指为了研究山地特有天气气候特征和规律而专门建设的气象站。通过这些站的观测资料，可以研究地形与温度、降水、风和太阳辐射等的关系，山区各种地形环境的气象条件与农、林、牧生产及经济建设的关系等。

随着科学技术水平的不断提高，自动气象站也由单一的功能向多功能综合转变，往往是一个自动气象站承载很多个站的功能，纵观自动气象站的发展历史，无论是从遥测设备的研发还是到高新技术的应用，自动气象站都将是获取气象情报、观测气象资料不可或缺的重要途径。

第 2 章
自动气象数据采集器

2.1 华云升达系列数据采集器

华云升达系列数据采集器是自动气象站的核心控制部件单元,由硬件和嵌入式软件组成。硬件包含高性能的嵌入式处理器、高精度的 A/D 电路、高精度的实时时钟电路、大容量的程序和数据存储器、传感器接口、通信接口、CAN 总线接口、外接存储器接口、以太网接口、监测电路、指示灯等,硬件系统能够支持嵌入式实时操作系统的运行。主采集器具有强大的数据处理能力,可以满足各种复杂气象探测系统的数据处理要求。新型自动气象站主采集器内部还增加了一个对常规气象要素进行数据探测的数据采集单元,可以完成对风速、风向、空气温度、相对湿度、降水、气压、蒸发、总辐射以及能见度气象要素的探测、数据采集。

2.1.1 HY324 数据采集器

HY324 数据采集器(如图 2.1 所示)采用 ST 公司的 STM32F103VET6 CPU,cortex-M3 内核,512K FLASH 64K RAM,基本可实现单片系统,使用 512K EEPROM 存储系统参数,使用 AT45DB161 存储数据。该采集器主要功能是完成基本气象要素传感器的数据采样，对采样数据进行控制运算、数据计算处理、数据质量控制、数据记录存储，实现数据通信和传输，与终端机或远程数据中心进行交互。

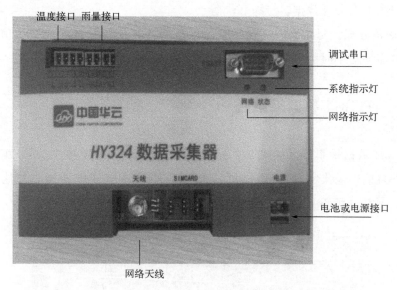

图 2.1 HY324 数据采集器

（1）数据采集部分

可以进行实时温度、0.1mm 和 0.5mm 雨量值的采集。

（2）测量部分技术指标

频率测量精度：1Hz；

频率测量范围：0～3kHz；

AD 分辨率：16 位；

电阻采样精度：0.04Ω。

（3）电气技术指标

电源输入电压：6～16V；

工作温度：-40～80℃；

电压分布结构：3.3V±1%，5V±1%，3.9V±1%；

整机功耗：50mA。

该采集器自身具备无线数据通信功能，可支持 FDD LTE：B1/B3、TDD LTE：B38/B39/B40/B41、TDSCDMA：B34/B39、WCDMA：B1、CDMA2000 1×/EVDO：BC0、GSM：900/1800MHz 无线网络，采集器具体包含如下两种

通信工作模式。

① GPRS实时在线方式。每个小时上报一次小时数据，若设置了分钟雨量上报阈值或分钟雨量上报间隔，则按照分钟雨量上报阈值（定时定量）或分钟雨量上报间隔上报分钟数据。

② 短信方式。每个小时上报一条除雨量外的其他要素采集数据短信，有雨量的时候需发送小时雨量短信。

2.1.2 HY364数据采集器

HY364数据采集器（如图2.2所示）可以进行0.1mm和0.5mm雨量值的采集，并且能够采集实时温度、风向、风速、湿度和气压等要素。其他参数同HY324，具体详情参见2.1.1小节HY324数据采集器。

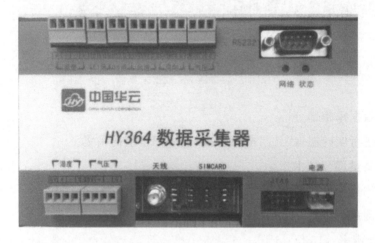

图2.2 HY364数据采集器

2.1.3 HY3000数据采集器

HY3000是一款通用型的采集器设备，可测量各种模拟量（温度、差分电压、单端电压、4～20mA恒流）信号和数字量及高速频率输入，可支持5个RS232、2个RS232/485、1个LAN、1个CAN接口。既可扩展智能传感器，也可以通过多种通信方式完成数据传输，同时CAN总线的应用使其能够方便地构成类似新型自动站的网络化观测系统。

(1) 主要功能

一是完成基本气象要素传感器的数据采样，对采样数据进行计算处理、质量控制、数据记录存储，实现数据通信和传输，与终端机或远程数据中心进行交互。

二是智能管理，如网络管理、运行管理、配置管理、时钟管理等功能。

(2) 技术指标

HY3000 数据采集器具有抗干扰、防雷击等功能，电源输入电压为 7～15V，额定电压 12V，该采集器通过太阳能电池输入电流，使用电源控制器对铅酸蓄电池进行充放电控制，以＋12V 直流电源形式输出，使其充电控制在 10.8～13.8V 之间，以达到不间断供电的效果。

所采集的数据通过通信服务器传送至中心站，中心站通过配置相应的台站信息、端口号、数据宏等完成对站点数据的收集、入库和存储工作。

图 2.3 为 HY3000 数据采集器，I1 为雨量信号端口，I/O 为 7 位格雷码风向端口，I2 是风速端口，I3 是门控，RS232-1 接通信服务器，RS232 为调试信号端口，CH1 为温度信号端口，CH2 为湿度信号端口，RS232-5 为气压信号端口。

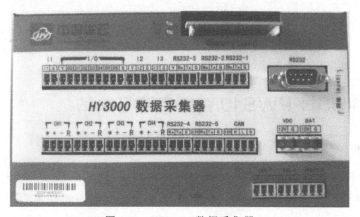

图 2.3 HY3000 数据采集器

2.2 DYYZ-Ⅱ型自动气象站数据采集器

该数据采集器由 51 单片机数字板、模拟放大器、电源、接口板、LCD 显示器、薄膜键盘面板和机箱组成（图 2.4）。在系统采集软件的支持下，数据采集器和中央处理器（CPU）按时间顺序对气温、湿度、风向、风速、降水、气压、草温（雪温）、地温等信号依次进行定时采集、运算、处理、显示、存储和通信。

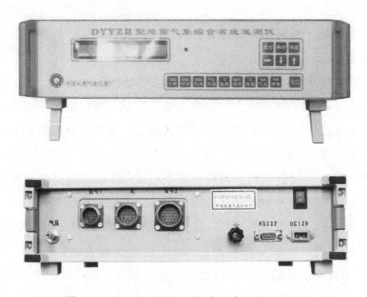

图 2.4　DYYZ-Ⅱ型地面气象综合有线遥测仪

2.3　WUSH-PWS10 智能自动气象站

　　WUSH-PWS10 智能自动气象站（简称为智能站）由硬件和软件组成。硬件由智能测量仪、气象智能集成处理器、电源通信控制器、实景观测仪、外围设备（电源、通信、北斗3定位模块及可移动存储器等）组成。软件由省局数据监控管理中心软件、运维移动客户端、WUSH 云管家及实景监控管理平台等组成。智能站系统总体结构见图 2.5。

　　智能测量仪由智能气温测量仪、智能湿度测量仪、智能气压测量仪、智能风测量仪及智能翻斗式雨量测量仪等组成。实现气象要素的测量，并将观测数据通过电源通信控制器传输至气象智能集成处理器。

　　气象智能集成处理器实现接入智能测量仪数据采集、数据存储、数据传输等功能。

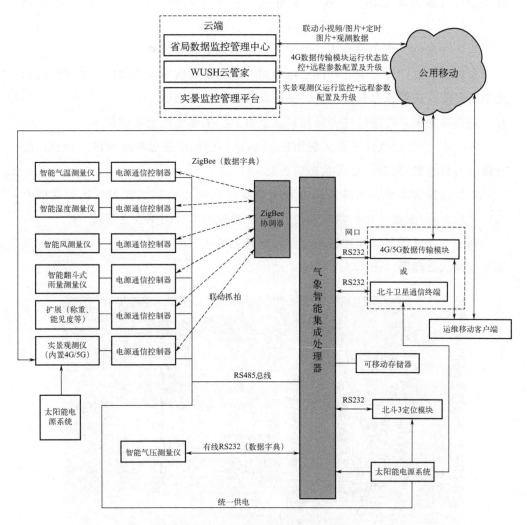

图 2.5 智能站系统总体结构

电源通信控制器采用太阳能电池板、锂电池及电源通信控制板一体化设计，为智能测量仪及自身提供供电电源，并将智能测量仪测量的气象要素数据通过无线 ZigBee 或有线 RS485 方式传输至气象智能集成处理器。

实景观测仪实现智能站实景监测和极端天气佐证，定时/触发拍摄的图片/视频通过内/外置 4G/5G 数据传输模块上传至远程省级区域站监控管理中心。

智能站采用太阳能电源系统供电。

智能测量仪与气象智能集成处理器间通信，根据需求可选无线 ZigBee 或有线 RS485 总线或无线 ZigBee＋有线 RS485 总线冗余热备份通信。气象智能集成处理器与远程云端通信，根据需求可选公用移动网络（4G/5G）以及北斗通信等。

北斗 3 定位模块实现台站当前位置信息和海拔高度等测量。

省局数据监控管理中心软件采用中国气象局统一版中心站软件，主要实现台站数据采集、质控、存储、上传、查询及报表制作等功能。

运维移动客户终端软件安装在移动手机上，主要实现现场调试等。

WUSH 云管家软件主要实现 4G/5G 数据传输模块远程在线管理（远程在线升级、参数查看/配置、运行状态监控）。

实景监控管理平台软件主要实现实景观测仪的远程在线管理（远程在线升级、参数查看/配置、运行状态监控、图像/视频的实时浏览查看等）。

其中气象智能集成处理器采用航天新气象科技有限公司自主研制的 DPZ3 气象智能集成处理器（图 2.6）。

图 2.6　DPZ3 气象智能集成处理器

气象智能集成处理器是智能自动气象站的前端大脑，主要实现以下三个功能：

① 实现智能测量仪和其他辅助设备的接入和管理。

② 基于前端综合数据处理能力，实现气象统计数据的计算、数据的综合质控等。

③ 基于双向通信功能，实现和云平台的对接，完成业务数据推送以及远程运维管理。

2.4 CAWSmart 智能自动气象站

DPZ6 智能集成处理器是一款功能强大、性能稳定的集成处理器。它是基于 RISC 架构的迷你型嵌入式计算机产品，采用高性能 ARM 内核，内置 Linux 操作系统。采用多线程方式收集传感器数据并进行统计、融合与存储，同时还具有数据自动补传功能。对收集到的传感器数据以 RS232、TCP、TLS、北斗（需增加额外终端）四种通信方式进行数据上传。四种通信方式都支持与中心站软件的命令交互，中心站软件可以向集成处理器发送标准的数据字典命令。此外，DPZ6 集成处理器嵌入式软件可实现通过本地或基于 IP 的远程升级，DPZ6 智能集成系统实物图见图 2.7。

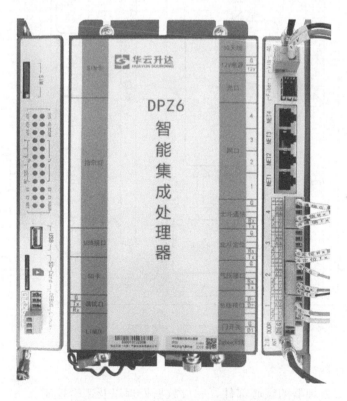

图 2.7　DPZ6 智能集成处理器实物图

2.4.1 组成结构

2.4.1.1 硬件结构

硬件电路包含高性能处理器、高精度时钟电路、存储器、I/O 接口（ZigBee 接口、RS232 接口、以太网接口、光纤接口、USB 接口、SD 卡接口）、监测电路、供电接口和指示灯等。结构框图如图 2.8 所示。

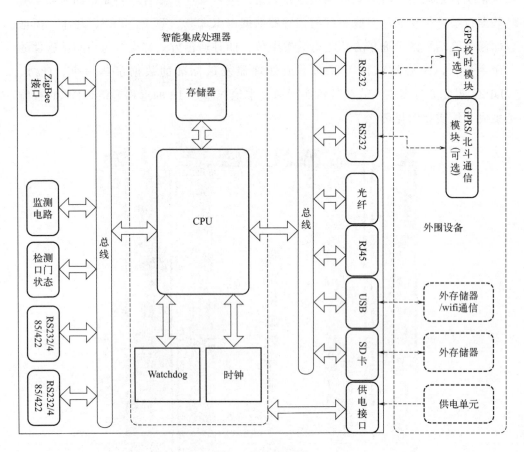

图 2.8 结构框图

（1）处理器

智能集成处理器的核心部件，完成数据处理以及逻辑控制。

（2）接口

① 智能测量仪通信接口：完成与智能测量仪之间的双向通信。可自适应采

用 ZigBee 无线通信和串行有线通信接口。

② 上位机通信接口：完成与上位机（应用软件）之间的双向通信。可通过串口连接公网数据业务（GPRS 或北斗）与上位机进行无线连接，同时可以通过光纤和以太网接口与上位机进行有线连接。

③ 供电接口：为智能集成处理器提供直流电压。

④ 扩展通信接口：按照规则，实现不同环境下的灵活组网及设备访问。

⑤ 存储接口：实现数据的存储。

（3）监测电路

完成设备工作过程中各项状态的监测。

（4）指示灯

提供智能集成处理器运行状态的简易显示，包括系统指示灯与通信状态指示灯。

2.4.1.2 软件组成

嵌入式软件包括四个功能模块：主控模块，数据采集、处理和监控模块，通信模块和软件升级模块，其构成如图 2.9 所示。

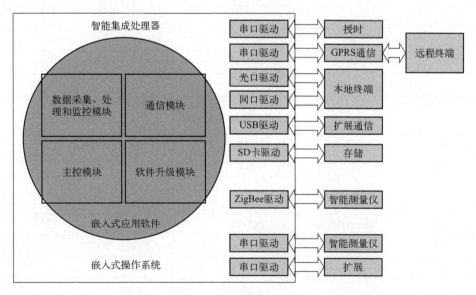

图 2.9　嵌入式软件结构图

① 主控模块：主要完成系统的逻辑控制，包括系统的初始化、函数（进程）的调用、中断的响应以及 RTC 时钟的管理等。

② 数据采集、处理和监控模块：主要收集智能测量仪采集到的气象信息，完成数据计算、综合质量控制、数据存储以及状态监控等功能。

③ 通信模块：主要与智能测量仪及外围设备进行交互、向业务中心站提供数据，其交互方式可采用有线或无线通信。

④ 软件升级模块：主要通过本地或远程实现对嵌入式软件进行升级的功能。

2.4.2　技术指标

DPZ6 智能集成处理器具有良好的环境适应能力，工作电压 9～36V，功耗在使用 12V 直流电的基础功耗上为 4.56W，该采集器通过太阳能和电池输入电流，时钟误差在 ±2min/年，在非市电野外环境中运行具有较好的稳定性，整机测量指标满足常规气象要素探测要求，分辨力较高，最大允许误差较小，具有精确采集温度、湿度、气压、风向、风速和降水等气象要素的能力，具体指标如表 2.1 和表 2.2 所示。

表 2.1　DPZ6 智能集成处理器技术指标表

工作电压/VDC	9～36
环境温度/℃	−50～50
环境湿度/%RH	0～100
功耗/W@12VDC	4.56
时钟精度/(分/年)	±2

表 2.2　整机测量指标

测量要素	范围	分辨力	最大允许误差
气温	−50～50℃	0.01℃	±0.1℃
湿度	5%～100%RH	1%RH	±2%RH(5%～80%RH) ±3%RH(>80%RH)
气压	450～1100hPa	0.01hPa	±0.15hPa
风向	0～360°	3°	±3°
风速	0.3～60m/s	0.1m/s	±0.3m/s(≤10m/s)
降水量	雨强 0～4mm/min	0.1mm	±0.4mm(≤10mm) ±4%(>10mm)

第 3 章

自动气象要素传感器

3.1 气象要素传感器的基础知识

3.1.1 传感器定义与组成

自动气象站收集气象要素功能是通过多个传感器完成既定任务来实现的,传感器是自动气象站中最重要的部分之一,是指能感受规定的被测量信号,并按照一定的规律转换成可用输出信号的器件或装置。由于电信号便于测量、传输、变换、存储和处理,因此气象传感器一般为电信号输出。输出的电信号通常有电压、电阻、电容、电流、频率等。

传感器一般由敏感元件、变换元件组成,变换元件也称为变换器。敏感元件是指直接感受(响应)被测量,并输出与被测量成确定关系的电或非电信号的元件。变换器是指将接受敏感元件输出的信号转换成标准电信号输出的元件。并非所有传感器都包括敏感元件和变换器两部分,例如热敏电阻将被测量温度直接转换成电阻输出,因此热敏电阻同时兼有变换器的功能。

对于传统的传感器,变换器是单独的一部分,而新型固态电路传感器常将变换器与敏感元件集成在一块半导体芯片上。

3.1.2 传感器的特性

传感器的特性主要是指输出与输入之间的关系。

(1) 线性度

理想情况下,输出与输入应该为直线关系,线性的特征便于显示、记录和数据处理。但通常传感器的输出与输入关系并非直线,一般可以用多项式方程确定:

$$y=a_0+a_1x^1+a_2x^2+,\cdots,+a_nx^n$$

式中,y 为输出量;x 为输入量;a_0 为零位输出;a_1 为传感器的灵敏度;a_2,…,a_n 为非线性特定系数。

实际应用中,若非线性项方次不高或非线性项的系数很小,且输入量程不大时,常用一条称为拟合直线的割线或切线来代替实际的特性曲线。但更多的是用变换器使之线性化,或用计算机直接计算。

(2) 灵敏度

传感器在稳态工作时,输出量变化值 Δy 与相应的输入量变化值 Δx 之比,称为传感器的灵敏度 K。

(3) 响应时间

通常传感器用来测量某一被测参数时,不能立即响应参数的真实情况,它总是逐渐接近被测参数的真实情况,这种滞后现象被称为传感器的滞后性或惯性。其中被测量值阶跃变化达到 63.2% 所需的时间为仪器的时间常数,也称为滞后系数。

(4) 分辨率

传感器测量时能给出被测量值的最小间隔。

(5) 量程

传感器测量时能给出被测量值的最大范围。

(6) 漂移

传感器特性发生变化称为漂移,一般分为时漂和温漂两种。时漂是指当输入量不变时,传感器输出量在规定的时间内发生的变化。温漂是指外界环境温度变化引起传感器输出量的变化。温漂又分零点漂移与特性(例如灵敏度)漂移。

3.1.3 传感器信号变换原理和分类

(1) 自动气象站常用传感器信号变换原理(表 3.1)

表 3.1　自动气象站常用传感器信号变换原理

信号变换方式	被测气象要素
光/电、电/磁	风速、风向、雨量
机/电	气压
电容	湿度、气压、雨量
电阻	温度
热电偶	辐射
超声波	风、蒸发等
光学测量	能见度、云高等

(2) 传感器的分类

传感器可分为模拟传感器、数字传感器和智能传感器三种类型。

模拟传感器：是将感应到的气象要素值转换成电阻、电容、电压等模拟信号输出的传感器。

数字传感器：是将感应的被测气象要素值转换成脉冲或频率等串行计数信号或并行数字电码信号输出的传感器。

智能传感器：是一种带有微处理器的传感器，具有一定的采集和处理功能，能直接输出被测要素的采样值或观测值。

3.2　常用的气象传感器

3.2.1　温度传感器

(1) 原理

铂电阻温度传感器利用铂电阻阻值随着温度的变化而改变的特性来测量温度，其准确度和稳定性依赖于铂电阻元件的特性。电阻与温度的关系式为：

$$R_t = R_0(1 + \alpha t + \beta t^2)$$

式中，R_0 为 0℃时的电阻；R_t 为 t℃时的电阻；α 和 β 为电阻的一次和二次项温度系数。

目前自动气象站中气温观测主要使用的是铂电阻温度传感器，铂电阻温度传感器（Pt100 和 Pt1000）与集线器之间的距离不能超过 50m 为消除线阻和接触电阻影响，达到高精度测量要求，温度传感器采用四线制方式测量铂电阻阻值的变化，如图3.1所示。HYA-T3高精度铂电阻温度传感器即为华云升达（北京）生产的温度传感器，其测温元件是Pt100，0℃时的电阻值为100Ω，气温每升高或降低1℃，电阻阻值增大或减小0.385Ω。

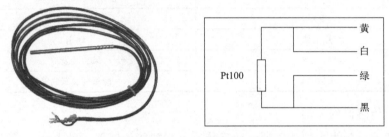

图3.1 温度传感器

温度传感器测量方法如下：
$$T=[R_2-(R_1+R_3)/2-100]/0.385$$

式中，R_1为测黄白之间（同端）的电阻值；R_2为测白绿之间（异端）的电阻值；R_3为测绿黑之间（同端）的电阻值。同端电阻两两相通，电阻值在1～8Ω，异端电阻两两不通，电阻值在80～120Ω。

（2）组成结构

温度传感器一般由精密级铂电阻元件和经特殊工艺处理的防护套组成，其组成结构如图3.2所示。

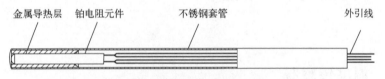

图3.2 温度传感器组成结构图

3.2.2 湿度传感器

（1）原理

HYHMP155A型湿度传感器采用高精度湿敏电容，一般是用有机高分子薄膜电容制成，其结构如图3.3所示。当环境湿度变化时，吸湿膜吸收或释放空气中的水汽，电容两极板间的介电常数发生改变，电容量随之改变，电容变化量与相对湿度具有对应关系。通过变换电路将电容变化量转换为0～1V直流电压输出,线性对应 0~100%RH 湿度。

湿敏电容的主要优点是灵敏度高、滞后性小、响应速度快,且易于制造,具有较强的产品互换性。

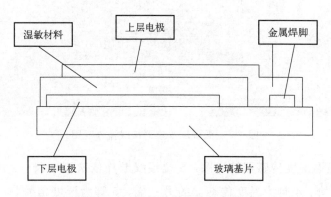

图 3.3 湿敏电容结构示意图

(2) 组成结构

湿度传感器通常由感应部件和外套管组成,感应部件位于杆头部。外形示意如图 3.4 所示。

图 3.4 湿度传感器

3.2.3 温湿度传感器

温湿度传感器用来同时测量空气温度和相对湿度,测湿元件是有机高分子薄膜电容传感器,测温元件是铂电阻传感器,感应部件位于传感器顶端保护罩内。主要应用于区域自动气象站中。

在工作状态对传感器按采样频率进行扫描,收到主采集器的同步信号后,将获得的采样数据发送给主采集器。

如图 3.5 所示,温湿度传感器里面有接线盒,负责把温湿度信号与主采集器进行连接,在连接时,接线一一对应。接线完成后,需要对接线盒作好防水处理,可将接线盒放置在百叶箱内。

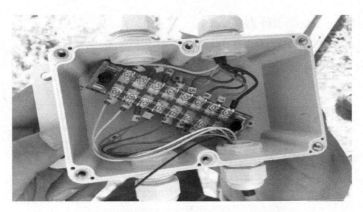

图 3.5　温湿度采集器接线盒外观图

图 3.6 是温湿度传感器接线图，8 位接线顺序依次为 1 脚、2 脚为温度传感器的一端，3 脚、4 脚为温度传感器的另一端，5 脚为湿度信号，6 脚为 12V 电源，7 脚为地，8 脚为屏蔽线。

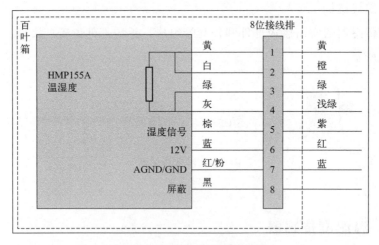

图 3.6　温湿度传感器接线图

3.2.4　风向传感器与风速传感器

（1）风向传感器工作原理

EL15-2C 风向传感器（图 3.7）的信号发生装置是由风标转轴、7 位格雷码码盘组成。码盘由七个同心圆组成，由内到外分别作 2、2、4、8、16、32、64 等分，相邻每份作透光与不透光处理，通过位于码盘两侧同一半径上的 7 对光电耦合器件输出相应的 7 位格雷码。码盘上面安装有一组（7 个）红外发光二极管，下面对应位置有一组（7个）光电转换器。红外发光二极管发射红外光穿过码盘透光部分照射到下面的光电转换器上。风向标带动格雷码盘转动，7个光电转换器根据是否接收到红外光输出高、低电平，组成一个7位格雷码。每个格雷码代表一个风向，分辨率为 2.8125°。

图 3.7 风向传感器

主采集器为风向传感器提供 5VDC 工作电压。风向传感器信号由 7 根信号线输出，D0～D6 分别对应七位格雷码，每根信号输出为接近 0V 的低电平或 4.9V 左右的高电平。

（2）风速传感器工作原理

EL15-1C 风速传感器（图 3.8）采用三杯式感受器。风杯转动带动同轴截光盘旋转，截光盘切割光电转换器发射的光束，由此感应出与风速成正比的频率信号，由计数器计数，经转换即得到实际风速值。

图 3.8 风速传感器

主采集器为传感器提供 5VDC 工作电压。风速的大小通过测量传感器输出的频率信号得出。传感器工作是否正常，可用万用表来判断。风杯转动时，测量其输出电压为 2.3V/3.0V 左右；风杯静止时，测量输出其电压为 0.8V 或 4.9V

左右。风速计算公式如下：

$$V = a + bf$$

式中，V 为风速值，m/s；f 为输出频率，Hz；a，b 为常数。

EL15-1C 的参数指标如表 3.2 所示。

表 3.2　风速传感器参数指标

参数指标	EL15-1A 型	EL15-1C 型	EL15-1C 型
风速频率对应关系	$V=0.049f+0.3$	$V=0.098f+0.3$	
测量范围/(m/s)	0.3~60		
分辨率/(m/s)	0.05	0.1	
最大允许误差/(m/s)	±0.3		
输出脉冲/V	0.7~12	0~5	
电源电压/VDC	12	5~15	
重量/kg	1		
外形尺寸/mm	319×225		
抗风强度/(m/s)	75		
使用环境	－40~60℃	0~100%RH	

（3）XFY3-1 型风传感器

自动气象站接口使用 XFY3-1 型风传感器，是集风向风速测量功能于一体的传感器，传感器由风向组件、风速组件、传感器壳体、安装杆、指北套件和信号变送器等部件组成，其外观示意如图 3.9 所示，组成结构如图 3.10 所示。

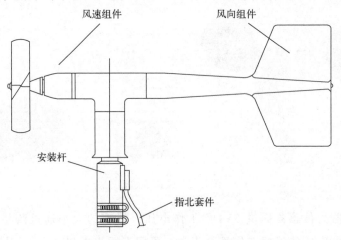

图 3.9　XFY3-1 型风传感器外观示意图

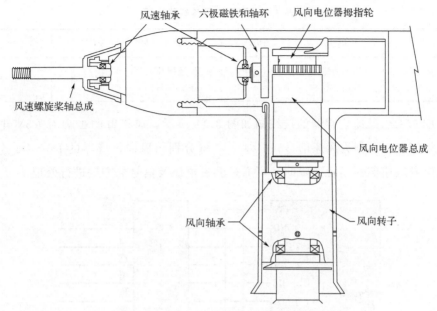

图 3.10　XFY3-1 型风传感器组成结构图

风速组件由螺旋桨、风速轴承、风速发电线圈等组成。在风力作用下，螺旋桨转动，带动轴上的磁极旋转，在线圈中感应出正弦信号，其频率随风速的增大而线性增加。

风速与正弦频率信号的关系为：

$$V = kf$$

式中，V 为风速，m/s；k 为换算系数，m/(s·Hz)；f 为正弦频率，Hz。

风向组件由尾翼、风向转轴、风向电位器等组成。当尾翼随风向转动时，转轴带动电位器的调节指轮转动，电位器的调节比例与风向对应，即 0～100% 对应于 0°～360°。风向角度以传感器壳体上的指南线位置为 180°参考点。

螺旋桨式风传感器一般还配有信号变送器，用于将风速正弦频率信号转换为幅度为 5V 的矩形波频率信号，将风向电位器阻值转换为与 0°～360°风向对应的 0～5V 模拟信号。

（4）线路连接

连接器线路板编号 J7，6 芯 3.81mm 插座。频率测量误差±1Hz，允许最大输入频率 1000Hz，风向电压测量精度±1‰。

风传感器各端子见表 3.3，1 脚为风向电压，输入电压为 0～5V，2 脚为风向格雷码转换的脉冲，3 脚为屏蔽地，4 脚为风速脉冲，5 脚为+5V 电源，6 脚为电源地。

表 3.3 风传感器各端子说明

PIN1	PIN2	PIN3	PIN4	PIN5	PIN6
风向电压 0~5V	风向格雷码转换的脉冲	屏蔽地	风速脉冲 0~1000Hz	+5V 电源	电源地

EL15-1C 风速传感器的接线图如图 3.11 所示，风横臂的 1 脚为 +5V 电源，2 脚为 GND，3 脚为风速信号，4 脚~10 脚分别与风向传感器的 D0~D6 连接，当风向或风速信号出现故障时，可通过测量电压及信号的方法进行处理。

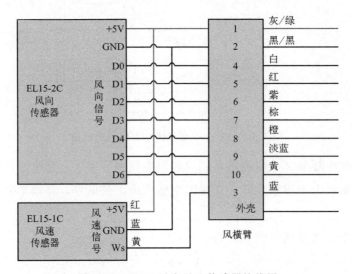

图 3.11 EL15 风向风速传感器接线图

3.2.5 翻斗式雨量传感器

3.2.5.1 SL3-1 翻斗式雨量传感器

SL3-1 翻斗式雨量传感器由承水器、漏斗、上翻斗、汇集漏斗、计量翻斗、计数翻斗和干簧管等组成，如图 3.12 所示。

雨水由承水器汇集后经漏斗进入上翻斗，累积到一定量时，本身重量使上翻斗翻转，水进入汇集漏斗。降水从汇集漏斗的节流管注入计量翻斗时，把不同强度的自然降水调节成较均匀的降水，减少由于降水强度不同导致的测量误差。计量翻斗承接的水相当于 0.1mm 降水量时，把水翻倒入计数翻斗，使计数翻斗翻转一次。计数翻斗上的小磁钢对干簧管扫描一次。干簧管因磁化瞬间闭合一次，输出一个计数脉冲,相当于 0.1mm 的降水量。该传感器接线简单,由两芯线加屏蔽组成(图 3.13),为防止雨量跳变,翻斗雨量传感器后端加一个电容,在主采集器上。

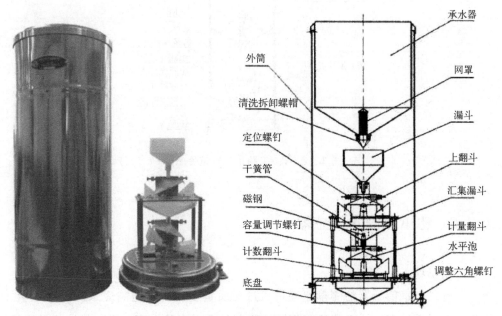

图 3.12 SL3-1 翻斗式雨量传感器

图 3.13 翻斗式雨量传感器接线图

3.2.5.2 SL5-1 翻斗式雨量传感器

SL5-1 翻斗式雨量传感器主要由翻斗、信号发生元件、外筒、集水漏斗、立板、底座等组成,具体组成结构见图 3.14。

表面积为 314cm² 的承雨口收集的雨水,经过漏斗流入上翻斗,当上翻斗流入一定量的雨水后翻转,倒空翻斗内的雨水,同时上翻斗的另一斗室开始接水。上翻斗流出的雨水经上塑壳流入计量翻斗中,当计量翻斗流入一定量的雨水后,计量翻斗翻转,倒空翻斗内的雨水,同时雨水流入计量翻斗的另一斗室,计量翻斗的每次翻转动作输出一个脉冲信号(1 脉冲信号=0.1mm 降雨量),通过电缆传输到采集系统,数据采集装置通过对脉冲信号的处理即可得到相应的降雨量数据。

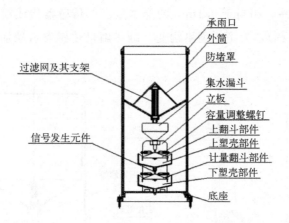

图 3.14 SL5-1 翻斗式雨量传感器

3.2.6 称重式降水传感器

（1）原理

称重式降水传感器的测量原理是通过对质量变化的快速响应来测量降水量。载荷元件对质量变化快速响应，把降水引起的重量变化转变为电信号，信号变换电路将载荷元件测得的电信号进行转换，再通过温度修正处理得到质量数据；称重单元通过温度补偿、数字滤波等技术达到全量程范围内的降水准确测量；处理单元对称重单元的信号进行采样，并对采样值进行数据运算处理，计算出分钟降水量和累计降水量。

称重式降水传感器通过测量落到盛水桶中降水的质量，根据水的密度换算成降水的体积，再由承水口面积计算出盛水桶中收集的降水总量。计算相邻 2min 的降水总量的差值即得到分钟降水量。由降水质量换算成降水总量的计算公式：

$$P = M/(\rho \times S) \times 1000$$

式中，P 为降水总量，mm；M 为降水总质量，kg；ρ 为水密度，kg/m^3；S 为承水口面积，m^2。

称重测量技术主要有两种，一种是基于电阻应变技术：敏感梁在外力作用下产生弹性变形，使粘贴在它表面的电阻应变片产生变形，电阻应变片变形后，阻值将发生变化，再经相应的测量电路把这一电阻变化转换为电信号，进而得到降水的质量；另一种是振弦技术：以弦丝为弹性部件，根据其所受拉力与振动频率的对应关系，通过相应的测量电路得到降水的质量。

(2) 组成

称重式降水传感器由承水器、外壳、内筒、载荷元件与处理单元、底座组件和防风圈组成（图 3.15）。其中，承水口形状为内径 200mm 的正圆，保证承水口采样面积；外壳的外形呈"凸"字形，具有上窄下宽的特点，可起到防风和减少蒸发的作用；内筒用于收集降水，盛装防冻液和抑制蒸发油；载荷元件用于测量重量变化，处理单元对载荷元件的信号进行采样，并对采样值进行数据运算处理，计算出分钟降水量和累计降水量，并实现质量控制、记录存储、数据通信和传输等功能，是传感器的核心。

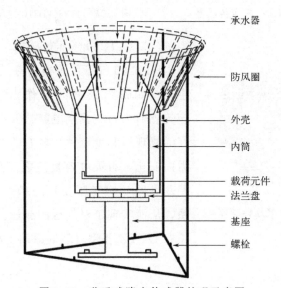

图 3.15 称重式降水传感器外观示意图

3.2.7 气压传感器

(1) HYPTB210 气压传感器

HYPTB210 是完全补偿的数字气压传感器（图 3.16），具有较宽的工作温度和气压测量范围。感应元件采用 VAISALA 研制的 BAROCAP 硅电容压力传感器。当外界气压变化时，感应元件发生形变，进而引起电容量改变，通过测量电容量可计算气压。BAROCAP 具有很好的滞后性、重复性、温度特性和长期稳定性。气压传感器的输入（Tx）与 HY3000 的输出（Rx）连接，气压传感器的输出与 HY3000 的输入连接，传感器需要 12V 的供电电压，与主采集器 RS232-5 端连接。图 3.17 是气压传感器与 HY3000 接线图，接线按照气压传感器的Tx与HY3000的Rx连接，气压传感器的Rx与HY3000的Tx连接的原则进行接线，HY3000为气压传感器提供+12V电压。

图3.16　HYPTB210气压传感器

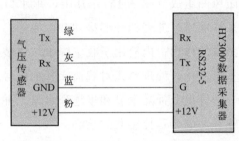

图3.17　HYPTB210气压传感器接线图

（2）PTB220气压传感器

PTB220气压传感器由芬兰VAISALA公司生产（如图3.18所示）作为气压测定传感器，该传感器为石英真空电容式气压传感器，具有良好的复现性和稳定性。电容的真空间隙受外界压力而变化，石英电容量随之变化。通过高级RC振荡电路，使气压变化与频率变化产生对应关系，从而实现了对气压的测量。该传感器早期在长春DYYZ-Ⅱ型自动气象站上配备使用过。

图3.18　PTB220气压传感器

3.2.8　雪深仪

雪深仪利用发射波束（光波、声波或电磁波等）遇到障碍物反射回来的特性测量雪深。

（1）超声波式雪深仪原理

该仪器（结构如图3.19所示）是通过测量超声波脉冲发射和返回的时间计算测距探头到目标物的距离，实现雪深的自动连续监测。超声波测距的原理如图3.20所示。

其核心测距部件是50kHz（超声波）压电传感器，并配置温度传感器和通风辐射屏蔽罩进行温度补偿，用来修正声波速率随气温变化引起的误差，提高测量准确性。

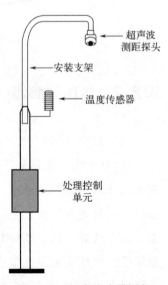

图3.19　超声波式雪深仪组成结构图

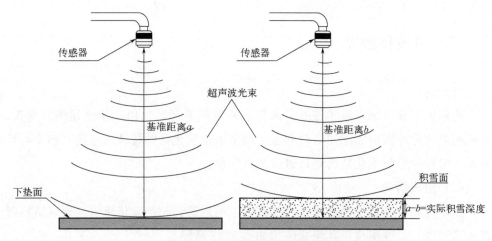

图 3.20　DSJ1 型超声波式雪深仪测距原理图

（2）激光式雪深仪原理

该仪器（结构如图 3.21 所示）采用相位法测距，用无线电波段频率对激光束进行幅度调制并测定调制光往返测线一次所产生的相位延迟，再根据调制光的波长换算此相位延迟所代表的距离。相位法激光测距的原理如图 3.22 所示。

激光往返距离 L 产生的相位延迟为 φ，是所经历的 n 个完整波的相位及不足一个波长的分量的相位 $\Delta\varphi$ 的和，即：

$$\varphi = 2n\pi + \Delta\varphi$$

距离 L 与相位延迟 φ 的关系为：

$$L = (c/2) \cdot \varphi/(2\pi f)$$

式中，c 为光速；f 为调制激光的频率；φ 为激光发射和接收的相位差。

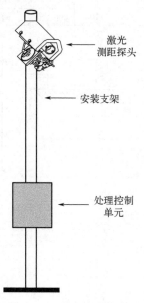

图 3.21　激光式雪深仪组成结构图

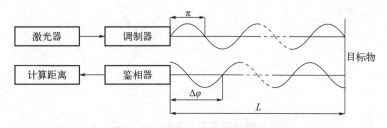

图 3.22　相位法激光测距原理图

3.2.9 蒸发传感器

（1）原理

超声波蒸发传感器基于连通器和超声波测距原理，选用高精度超声波探头，根据超声波脉冲发射和返回的时间差来测量水位变化，并转换成电信号输出，计算某一时段的水位变化即得到该时段的蒸发量。

（2）组成结构

蒸发传感器由蒸发桶、水圈、连通管、测量筒、超声波传感器、通风防辐射罩和溢流桶等部件组成，其组成结构如图3.23所示。

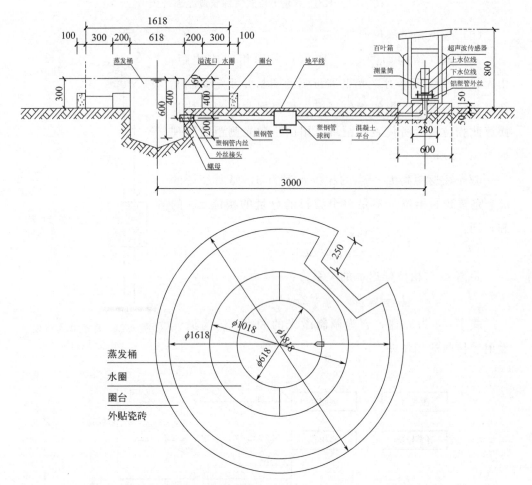

图 3.23 超声波蒸发传感器剖面图（上）与平面图（下）（单位：mm）

① 蒸发桶用白色玻璃钢制成，是一个器口面积为 3000cm^2、有圆锥底的圆柱形桶，器口为圆形，口缘为内直外斜的刀刃形，在桶壁上开有溢流口。

② 水圈用白色玻璃钢制成，由 4 个相同的宽 20cm 的弧形水槽组成，安装在蒸发桶四周，每个水槽的壁上开有排水孔。水圈内的水面应与蒸发桶内的水面接近，其作用一是减少太阳辐射对蒸发量的影响，二是减少降水对蒸发量的影响。

③ 百叶箱或通风防辐射罩用白色玻璃钢制成，用于安装超声波传感器和测量筒，其作用是减少太阳对超声波传感器的辐射，以提高超声波传感器的测量精度。

④ 测量筒用不锈钢制成，与蒸发桶连接组成一个连通器，使测量筒的水位和蒸发桶一致。连通管可消除蒸发桶内水面波动对测量结果造成的影响，减少测量误差。

⑤ 超声波传感器安置在测量筒上，根据超声波测距的原理，精确测量出测量筒内水面高度，根据两个时刻的水位差计算出该时段内的蒸发量。

⑥ 溢流桶是承接因降水较大时由蒸发桶溢出降水的圆柱形盛水器，可用镀锌钢板或其他不吸水的材料制成。桶的横截面以 300cm^2 为宜，溢流桶应放置在带盖的套箱内。

3.2.10 光电式数字日照计

(1) 原理

日照传感器通过置于光学镜筒中的 3 个同轴光电感应器对总辐射和散射辐射进行自动连续观测，根据计算出的直接辐照度判断有无日照。测量原理如图 3.24 所示，3 个带有圆柱形漫射器的光电管 D_1、D_2、D_3 分别安置在同一轴线上，并通过遮光罩及其入射窗 W_1 和 W_2 对入射到 D_2、D_3 上的辐射进行约束。

光电管 D_1 在 360°的环形范围内接收总辐射。D_2 和 D_3 接收环形范围内不同方向上的辐射，而太阳直接辐射只能照射到 D_2、D_3 中的一只，其中较小的输出值即为散射辐射。直接辐射为总辐射和散射辐射的差值，若直接辐照度 $\geqslant$ 120W·m^{-2} 则算作有日照，把时间累计，得到每小时和每天的日照时数。

(2) 组成结构

光电式数字日照计主要由传感器、数据处理单元、供电通信单元、安装附件等部分组成。其中，光电式数字日照传感器包括光学镜筒、光电探测器、遮光筒、信号处理电路、防霜露加热器等。

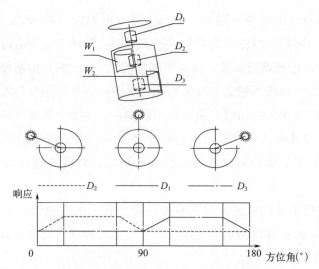

图 3.24　光电式数字日照计测量原理图

光电式数字日照计外观示意如图 3.25 所示。

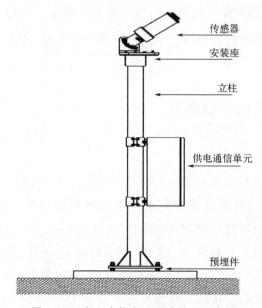

图 3.25　光电式数字日照计外观示意图

3.2.11　地温传感器

下垫面温度和不同深度的土壤温度统称为地温。下垫面温度包括裸露地面表面的地面温度和草面温度;不同深度的土壤温度又统称为地中温度,主要包括离地面 5cm、10cm、15cm、20cm 深度的浅层地温和离地面 40cm、80cm、160cm、320cm 深度的深层地温。目前气象台站测量地面温度主要使用铂电阻地温传感器，其性能、原理和组成结构与铂电阻温度传感器基本相同（详见 3.2.1 小节），但外形较粗，时间常数较大。

3.2.12 冻土传感器

冻土是指含有水分的土壤因温度下降到 0℃ 或以下而呈冻结的状态。

（1）原理

冻土自动观测仪根据传感器测量原理不同分为冻阻式冻土自动观测仪、电容式冻土自动观测仪和测温式冻土自动观测仪。

① 冻阻式。利用水的相态发生改变时体积、电阻等物理特性随之变化的原理，通过非纯净水做感应介质，测量相关物理量得到冻结层次和上下限深度。

② 电容式。利用土壤中水与冰发生相变时介电常数随之改变的特性，通过 LC 振荡电路频率响应变化，结合频率变化规律和土壤温度建立土壤冻融状态判别模型，获得冻结层次和上下限深度。

③ 测温式。根据水凝结成冰或冰融化成水的温度变化特性，结合冻点确定算法，获得冻结层次和上下限深度。

（2）组成结构

冻土自动观测仪主要由传感器、数据采集器、通信单元、供电单元和外围设备等组成，其组成结构示意图如图 3.26 所示。

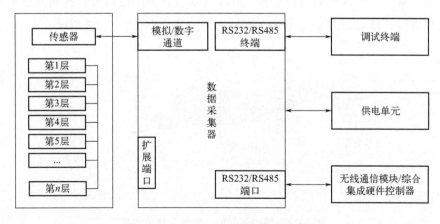

图 3.26　冻土自动观测仪组成结构图

3.2.13 前向散射能见度仪

能见度用气象光学视程表示。气象光学视程是指白炽灯发出色温为 2700K 的平行光束的光通量在大气中削弱至初始值的 5% 所通过的路径长度。

(1) 原理

大气中光的衰减是由散射和吸收引起的,在一般情况下,吸收因子可以忽略,而经由水滴反射、折射或衍射产生的散射现象是影响能见度的主要因素。故测量散射系数的仪器可用于估计气象光学视程(MOR)。

前向散射能见度仪的发射器与接收器之间保持一定的距离,并成一定的角度。接收器不能接收到发射器直接发射和后向散射的光,只能接收大气的前向散射光。通过测量散射光强度,可以得出散射系数,从而估算出消光系数。

根据柯西米德定律计算气象光学视程:

$$MOR = \frac{-\ln(\varepsilon)}{\sigma}$$

式中,MOR 为气象光学视程;ε 为对比阈值;σ 为消光系数。

当 $\varepsilon = 0.05$ 时,得出:

$$MOR \approx \frac{2.996}{\sigma}$$

从而可以计算出气象光学视程。

发射器持续发射红外光脉冲,经大气分子和颗粒物散射,接收器探测一定体积大气样本在固定方向上的散射光,并将光信号转换为电信号。控制处理单元对电信号进行处理后反演出当前气象光学视程。其原理如图 3.27 所示。

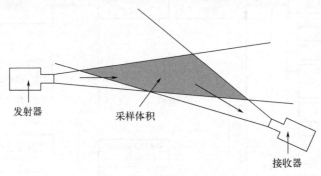

图 3.27 前向散射能见度仪工作原理图

能见度仪带有内部加热装置,以防止水汽凝聚在光学镜头表面。发射器和接收器均有镜头表面污染监测功能,当污染程度超过阈值时进行报警。

(2) 组成结构

前向散射能见度仪由传感器、采集器、支架、电源和校准装备等部分组成,其组成结构如图 3.28 所示。

① 传感器部分包括发射器、接收器和控制处理器等。

② 采集器包括接口单元、中央处理单元、存储单元和显示单元等。

③ 支架部分包括立柱和底座。

④ 电源部分包括供电电源、电源防雷器和蓄电池等。

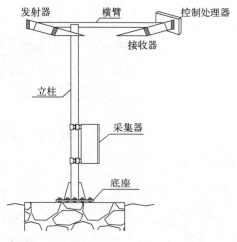

图 3.28 前向散射能见度仪组成结构图

⑤ 校准装备用于传感器的定期校准,主要由衰减片和散射片构成。

通信使用 RS232 或 RS485 接口。通过外接无线传输模块,可以扩展通信距离。无线传输模块的类型有 GPRS、CDMA 等。无线传输时,可以实现多点传输。

3.2.14 降水现象仪

降水现象是从天空下降固态、液态或混合态水的天气现象。

目前除应急加密状态下,均采用降水现象仪进行降水现象的自动、连续在线观测,可观测毛毛雨、雨、雪、雨夹雪和冰雹等 5 种降水现象。

(1) 原理

不同降水现象的降水粒子,因其物理特性的差异,在粒径和下降末速度的分布上有各自对应关系。根据降水粒子对激光信号的衰减影响程度,检测降水粒子的粒径和下落末速度,确定降水粒子的图谱分布,输出降水现象类型。

当激光束里没有降水粒子降落穿过时,接收装置收到最强的激光信号,输出最大的电压值。当降水粒子穿过水平激光束时,以其相应的粒径遮挡部分激光束,从而使接收装置输出的电压下降。通过电压的大小可以确定降水粒子的粒径大小,从而实现降水粒子的粒径检测;粒子下降通过水平激光束需要一定的时间,通过检测电子信号的持续时间,即从降水粒子开始进入激光束到完全离开激光束所经历的时间,可以推导出降水粒子的下降速度。降水现象仪工作结构如图 3.29 所示。

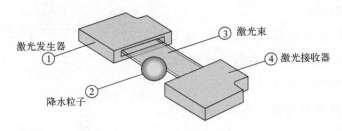

图 3.29 降水现象仪工作结构图

(2) 组成结构

降水现象仪主要由传感器、数据采集单元、供电控制单元和附件等部分组成,其外观示意如图 3.30 所示,组成结构如图 3.31 所示。

① **降水现象传感器** 传感器包括激光发射和接收、控制处理单元、温度控制单元等。

② **数据采集单元** 数据采集单元负责处理采样的降水粒子大小、速度、数量等信息,对采样样本进行质量控制、运算处理,输出降水现象类型、雨滴图谱、仪器工作状态等信息。

③ **供电控制单元** 降水现象仪采用 12VDC 供电,应配蓄电池。供电控制单元将交流电源或辅助电源(太阳能、风能等)进行转换,并为蓄电池充电。

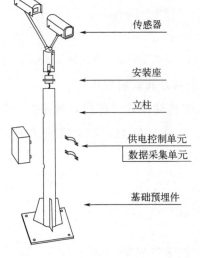

图 3.30 降水现象仪外观示意图

④ **附件** 包括:安装底座、立柱、基础预埋件等。

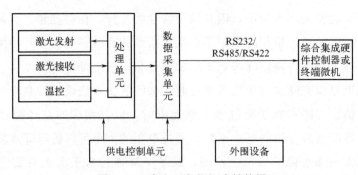

图 3.31 降水现象仪组成结构图

3.2.15 地基闪电定位仪

(1) 原理

雷电现象包含很多单独的物理过程，每种过程均伴随着一定特征的电场和磁场，产生频谱范围极大的电磁辐射，电磁波以光速在地表、大气层中传播。理论上只要观测到任何来自闪电的辐射源信号，都可以用来探测和定位闪电。其中云闪主要产生甚高频电磁辐射，以射线方式传播，范围较小；地闪主要产生低频、甚低频电磁辐射，以地波方式传播，范围较大。

低频/甚低频闪电定位仪利用两个正交磁环天线，采集远距离的闪电辐射源电磁信号，通过放大滤波，分析波形特征鉴别闪电类别，经过数据处理计算测量闪电辐射源到达闪电定位仪的时间、方位角、磁场峰值、电场峰值等特征参量。

单个闪电定位仪可探测闪电的发生，但不能确定闪电发生位置和时间，闪电定位系统需要通过间距合理的多个闪电定位仪组网来定位计算。目前，常见的多站组网定位方法主要有磁方向法、到达时间差法和时差测向混合法。

磁方向法：2个闪电定位仪采集到同一个闪电辐射源信号，通过测量的方位角计算得到闪电发生时间、位置、极性、峰值电流等信息。

到达时间差法：3个或以上闪电定位仪采集到同一个闪电辐射源信号，通过测得的到达时间，计算辐射源到达各站的时间差值，计算得到闪电发生时间、位置、极性、峰值电流等信息。

时差测向混合法为上述两种方法的结合。

描述闪电定位系统性能的参数主要有定位误差（一般为千米量级）和探测效率（在给定地区观测到的闪电与实际发生闪电的比例，通常以百分数表示）。需要利用地面实况资料对这两个参数进行评估。

(2) 组成结构

闪电定位仪主要由支柱和仪器舱两部分组成，其外观示意如图3.32所示，组成结构如图3.33所示。

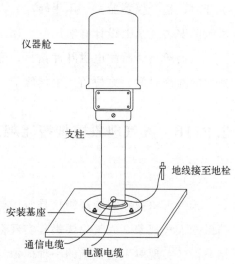

图 3.32 闪电定位仪外观示意图

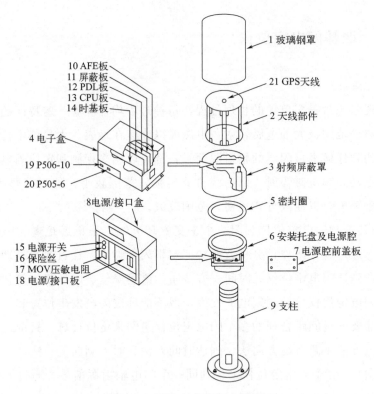

图 3.33 闪电定位仪组成结构图

仪器舱是一个组合部件,由天线部件、电子盒、电源盒、内部连接电缆、密封圈以及保护罩组成。仪器舱被 4 颗特殊螺钉固定在支柱顶端的槽内,固定螺钉松开后,整个仪器舱可以用手转动,以便安装时校准天线部件的正北方向。在仪器舱的安装托盘上设计有泄压阀,用于平衡罩内外的气压。

仪器舱实时监测电磁脉冲信号,甄别出雷电信号,进行处理计算,获得波形到达的准确时间、方位角、磁场峰值、电场峰值等相关特征参数,并实时发送。

3.2.16 天气现象视频智能观测仪

(1) 原理

天气现象视频智能观测仪是应用计算机视觉和深度学习技术,对视频采集器拍摄的天气现象(或气象要素)实现自动观测识别。计算机视觉是使用计算机及相关设备实现对生物视觉的一种模拟,通过对采集的视频或图片进行处理以获得相应场景的三维信息;深度学习是一种以人工神经网络为架构,对数据进行表征学习的算法。

视频采集器自动定时采集视频和图片资料,数据处理单元对图片进行自动检查,质量合格的图片通过内嵌的识别软件运用计算机视觉或深度学习技术,模拟人眼对图片中的天气现象(或气象要素)场景进行感知、识别和理解,实现天气现象(或气象要素)的自动观测识别,并输出识别结果。

总云量、结冰、积雪和雪深等主要采用计算机视觉原理,云状、地面凝结现象(霜、露、雨凇、雾凇)等主要采用深度学习原理。

(2)组成结构

天气现象视频智能观测仪主要由视频采集器、数据处理单元、通信单元、供电单元和附件组成。天气现象视频智能观测仪外观如图3.34所示。

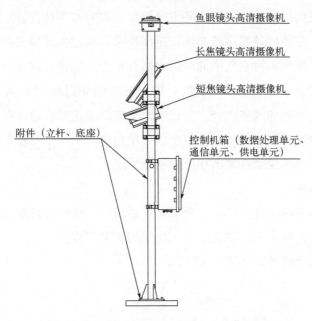

图3.34 天气现象视频智能观测仪外观示意图

视频采集器由多个摄像机组成,根据观测对象特点和需要,一般由1个鱼眼镜头高清摄像机和2~5个普通镜头高清摄像机组成。现用组合方式为分离式视频采集器组,由1个独立鱼眼镜头高清摄像机(观测总云量、云状)、1个长焦镜头高清摄像机(观测霜、露、结冰)和1个短焦镜头高清摄像机(观测雨凇、雾凇、积雪和雪深)组成。

数据处理单元由控制处理器和存储单元组成,控制处理器是由CPU、GPU、内存等组成的嵌入式AI计算机,控制处理器内置了嵌入式识别软件和控制管理软件，用于天气现象（或气象要素）的自动观测识别和设备控制管理，负责处理采集的视频和图片等信息，进行数据质量控制、数据运算处理和记录存储。

视频采集器供电电压为直流 24V 和直流 12V，其他设备供电电压为直流 12V。

3.2.17 视程障碍现象仪

目前气象部门明确规定，霾、沙尘暴、扬沙、浮尘 4 种视程障碍天气现象均需借助在线的 PM_{10} 和 $PM_{2.5}$ 质量浓度观测结果进行判定，视程障碍现象仪主要用于在线测量空气中的 PM_{10} 和 $PM_{2.5}$ 浓度，来提升视程障碍现象判识准确度。

（1）原理

视程障碍现象仪是一款用于户外空气颗粒物实时监测的设备，设备采用激光离子计数原理，并使用最先进的光学传感器技术以及过去万里云科技多年来持续改进的数据处理技术，对空气中的颗粒物进行长期、准确的测量。

该设备使用垂直进气管采集空气，同时配不锈钢过滤网和动态加热除湿装置，去除较大的颗粒和过多水分，保证被测空气以稳定的流速和湿度进入传感器测量腔体，通过激光散射传感器分析出空气中颗粒物的粒子数量和粒径分布，并通过颗粒物智能计算模型计算出相应的质量浓度。

（2）组成结构

视程障碍现象仪由进气单元、测量与控制单元、辅助测量单元、流量控制单元、数据处理和传输单元、供电单元、底座和支架组成。

视程障碍现象仪外观如图 3.35 所示。

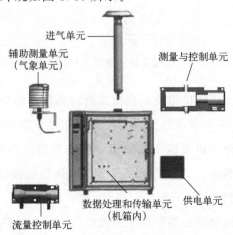

图 3.35 视程障碍现象仪外观示意图

数据处理和传输单元中的数据处理 PCB 电路板负责信号采集处理，每分钟读取一次颗粒物传感器数值。颗粒物检测模块中的颗粒物传感器采用泵吸式采样方式，通过光散射原理进行 PM_{10} 和 $PM_{2.5}$ 的在线、连续测量。

3.3　WUSH-PWS10 智能传感器

3.3.1　DWZ2 智能气温测量仪

DWZ2 是利用铂电阻阻值随温度变化而变化的特性来准确感应空气温度的智能测量仪。具有性能可靠、准确性高、易维护、易备份等特点，能够实现信号采集、数据处理、质量控制、自处理、自适应、自校准、自诊断、自恢复、在线升级、即插即用等功能。其外观如图 3.36 所示，技术指标见表 3.4。

图 3.36　DWZ2 智能气温测量仪外观示意

表 3.4　DWZ2 智能气温测量仪技术指标

项目	性能指标
测量范围/℃	−50～60
分辨力/℃	0.01
最大允许误差/℃	±0.1
时间常数/s	≤20（通风速度 2.5m/s）
环境温度/℃	−60～60
供电电压/VDC	7～15
功耗/W	≤0.1
输出方式	RS232

DWZ2 智能气温测量仪 5 针插座引脚定义如表 3.5 所示。

表 3.5　DWZ2 智能气温测量仪引脚定义

航插示意图	引脚	线色	定义
	1	棕	电源正极（12VDC）
	2	白	电源负极（GND）
	3	蓝	Tx
	4	黑	Rx
	5	灰	GND

3.3.2　DHC2 智能湿度测量仪

　　DHC2 是利用湿敏电容的电容值与空气相对湿度正相关的特性来准确感应空气湿度的智能测量仪。其外观如图 3.37 所示，技术指标见表 3.6。

图 3.37　DHC2 智能湿度测量仪外观示意

表 3.6　DHC2 智能湿度测量仪技术指标

项目	性能指标
测量范围/%RH	5～100
分辨力/%RH	1
最大允许误差/%RH	±2（≤80%RH） ±3（＞80%RH）
时间常数/s	≤40
稳定性	1 年偏差在最大允许误差内
露点温度测量范围/℃	−40～50
环境温度/℃	−60～60
供电电压/VDC	8～15
功耗/W	≤0.144
输出方式	RS232

　　智能湿度测量仪 5 针插座引脚定义如表 3.7 所示。

表 3.7　DWZ2 智能湿度测量仪引脚定义

航插示意图	引脚	线色	定义
	1	棕	电源正极(12VDC)
	2	白	电源负极(GND)
	3	蓝	Tx
	4	黑	Rx
	5	灰	GND

3.3.3　DEB2 智能风测量仪

DEB2 是由采集模块、风速传感器和风向传感器组成的智能测量仪。其外观如图 3.38 所示，技术指标见表 3.8。

图 3.38　DEB2 智能风测量仪外观示意

表 3.8　DEB2 智能风测量仪技术指标

项目	风速性能指标	风向性能指标
测量范围	0～75m/s	0°～360°
分辨力	0.1m/s	3°
最大允许误差	±(0.3+0.01V)m/s	±3°
启动风速	≤0.5m/s	≤0.5m/s
环境温度	−50～55℃	−60～60℃
稳定性	2年偏差不大于(0.3+0.01V)m/s	2年偏差不大于±5°
供电电压/VDC	9～15	
功耗/W	≤0.15	
输出方式	RS232	

智能风测量仪数据处理单元航插定义如表 3.9 所示。

表 3.9　DEB2 智能风测量仪航插定义

航插示意图	引脚	线色	定义
	1	棕	电源正极（12VDC）
	2	白	电源负极（GND）
	3	蓝	Tx
	4	黑	Rx
	5	灰	GND
	1	白	风向信号 D0
	2	红	风向信号 D1
	3	紫	风向信号 D2
	4	棕	风向信号 D3
	5	橙	风向信号 D4
	6	淡蓝	风向信号 D5
	7	黄	风向信号 D6
	8	黑	空
	9	蓝	风速信号
	10	绿	风速电源 5VDC
	11	灰	风向电源 5VDC
	12	黑	GND

3.3.4　DSDZ1 智能翻斗雨量测量仪

DSDZ1 是航天新气象科技有限公司自主研发的一款智能翻斗雨量测量仪，该传感器由承雨器、防堵罩、过滤网、漏斗、上层翻斗、中层翻斗、下层翻斗、底座等组成，具有结构合理、使用简单等特点。通过电缆直接与数据采集系统连接，可实现自动化雨量观测和数据处理。其外观如图 3.39 所示，技术指标见表 3.10。

图 3.39　DSDZ1 智能翻斗雨量测量仪外观示意

第 3 章　自动气象要素传感器

表 3.10　DSDZ1 智能翻斗雨量测量仪技术指标

项目	性能指标
测量范围/(mm/min)	0～4
分辨力/mm	0.1
最大允许误差	±0.4mm(≤10mm) ±4%(>10mm)
环境温度/℃	0～50
稳定性	1 年偏差在最大允许误差内
供电电压/VDC	9～15
功耗/W	≤0.1
输出方式	RS232

智能翻斗雨量测量仪 5 针插座引脚定义如表 3.11 所示。

表 3.11　DSDZ1 智能翻斗雨量测量仪引脚定义

航插示意图	引脚	线色	定义
	1	棕	电源正极(12VDC)
	2	白	电源负极(GND)
	3	蓝	Tx
	4	黑	Rx
	5	灰	GND

3.3.5　DYG2 智能气压测量仪

DYG2 是航天新气象科技有限公司自主研发的一款结构一体化的智能气压测量仪，采用当今成熟的、稳定的、先进的电子测量、数据传输和控制技术，具有高可靠性、高准确性、易维护等特点。其外观如图 3.40 所示，具体技术指标见表 3.12。

图 3.40　DYG2 智能气压测量仪外观示意

表 3.12　DYG2 智能气压测量仪技术指标

项目	性能指标
测量范围/hPa	500～1100

续表

项目	性能指标
分辨力/hPa	0.1
最大允许误差/hPa	±0.2
环境温度/℃	-40～5
稳定性	1年偏差在最大允许误差内
供电电压/VDC	7～15
功耗/W	≤0.4
输出方式	RS232

智能气压测量仪 5 针插座引脚定义如表 3.13 所示。

表 3.13 DYG2 智能气压测量仪引脚定义

航插示意图	引脚	线色	定义
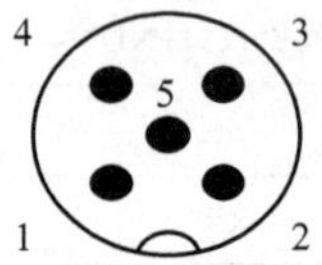	1	棕	电源正极（12VDC）
	2	白	电源负极（GND）
	3	蓝	Tx
	4	黑	Rx
	5	灰	GND

3.4 CAWSmart 智能传感器

3.4.1 DWZ1 智能气温测量仪

（1）概述

DWZ1 智能气温测量仪主要由感温元件、信号智能处理电路、电源电路三部分组成，实物图如图 3.41 所示。感温元件采用金属铂（Pt）制成的热敏电阻，属于正温度系数元件。该元件在 0℃ 的电阻值为 100Ω，故称为 Pt100。它可将环境温度变化体现为电阻值的变化，阻值随着温度上升呈线性增加。

图 3.41 智能气温测量仪实物图

(2) 特点

高精度,气温测量准确度±0.1℃。

高稳定性,稳定性达±0.1℃/2 年。

高适用性,工作温度范围-60~60℃,适应高寒地区使用。

高智能化,具备自采集、自处理、自质控、自检测、自存储等功能。

(3) 技术指标(表 3.14)

表 3.14 DWZ1 技术指标表

项目	技术指标
测量范围/℃	-50~50
分辨力/℃	0.01
准确度/℃	±0.1
响应时间/s	≤20(通风速度 2.5m/s)
供电电压/VDC	9~15
时钟精度/(s/日)	≤1,支持上位机自动校时
环境温度/℃	-60~60
环境湿度/%RH	0~100
抗盐雾腐蚀	零件镀层耐 48 小时盐雾沉降试验
平均功耗/W@12VDC	0.1
年稳定性/(℃/2 年)	±0.1
通信接口	RS232
IP 防护等级	IP65
尺寸/mm	273×40×25
重量/g	70
存储能力	20 天分钟数据

(4) 电气连接

传感器上 5 针插座引脚定义如表 3.15 所示。

表 3.15 智能气温测量仪引脚定义

航插示意图	引脚	线色	定义
	1	棕	电源正极（12VDC）
	2	白	电源负极（GND）
	3	蓝	RS232 TXD
	4	黑	RS232 RXD
	5	灰	RS232 GND

3.4.2 DHC1 智能湿度测量仪

（1）概述

DHC1 智能湿度测量仪主要由湿度感应元件、信号智能处理电路、电源电路三部分组成，实物图如图 3.42 所示。湿度感应元件采用高分子薄膜作为电介质制成电容，其介电常数随着高分子薄膜所吸收的水汽变化而变化，介电常数改变后湿敏电容的电压也会发生变化，测量湿敏电容两端的电压值即可换算得到湿度值。

图 3.42 智能湿度测量仪实物图

（2）特点

高精度，湿度测量准确度±2%RH（5%～80%RH），±3%RH（>80%RH）。
高稳定性，年稳定性均在最大允许误差范围内。
高适用性，工作温度范围−60～60℃，适应高寒地区使用。
高智能化，具备自采集、自处理、自质控、自检测、自存储等功能。

（3）技术指标（表 3.16）

表 3.16 DHC1 技术指标表

项目	技术指标
测量范围/%RH	5～100
分辨力/%RH	1
准确度/%RH	±2(5%～80%RH)，±3(>80%RH)

续表

项目	技术指标
供电电压/VDC	9～15
时钟精度/(s/日)	≤1,支持上位机自动校时
环境温度/℃	－60～60
环境湿度/%RH	0～100
抗盐雾腐蚀	零件镀层耐48小时盐雾沉降试验
平均功耗/W@12VDC	0.11
年稳定性	±2%RH/年(5%～80%RH) ±3%RH/年(>80%RH)
通信接口	RS232
IP防护等级	IP65
尺寸/mm	255×40×25
重量/g	81
存储能力	20天分钟数据

(4) 电气连接

传感器上5针插座引脚定义如表3.17所示。

表3.17 智能湿度测量仪引脚定义

航插示意图	引脚	线色	定义
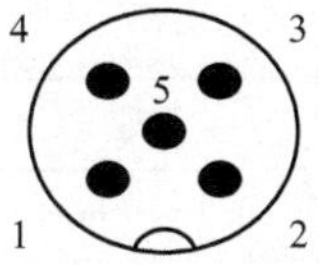	1	棕	电源正极(12VDC)
	2	白	电源负极(GND)
	3	蓝	RS232 TXD
	4	黑	RS232 RXD
	5	灰	RS232 GND

3.4.3 DEB1智能风测量仪

(1) 概述

DEB1智能风测量仪主要由分体式的风向和风速感应部件、信号智能处理电路、电源电路三部分组成,实物图如图3.43所示。风向测量是利用一个低惯性的风向标作为感应部件,风向标随风转动,带动转轴下端的风向码盘转动,码盘按7位格雷码编码,通过光电扫描输出7位格雷码信号。风速测量是利用一个低惯性的风杯作为感应部件,其感应部件随风旋转并带动风速码盘转动,对码盘进行光电扫描,输出相应的电脉冲信号。

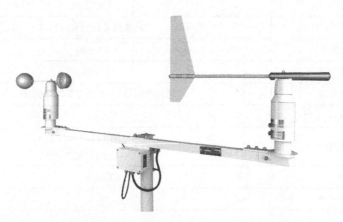

图 3.43 智能风测量仪实物图

(2) 特点

高准确度,风向测量准确度±3°,风速准确度 0.1m/s。

高稳定性,年稳定性均在最大允许误差范围内。

高智能化,具备自采集、自处理、自质控、自检测、自存储等功能。

(3) 技术指标(表 3.18)

表 3.18 DEB1 技术指标表

项目	技术指标	
	风向	风速
测量范围	0°～360°	0.3～60m/s
风速与频率对应关系	无	$V=0.049f+0.3$ V 为风速,f 为频率信号,下同
分辨力	3°	0.1m/s
准确度	±3°	±0.3m/s(≤10m/s) ±(0.03Vm/s)(>10m/s)
年稳定性	±3°/年	±0.3(m/s)/2 年(≤10m/s) ±(0.03Vm/s)/2 年(>10m/s)
尺寸/mm	550×415	319×225
重量/kg	1.8	1
风横臂尺寸/mm	1160×162(含抱箍与接线盒)×232(含风底座与锁头)	

续表

项目	技术指标	
	风向	风速
供电电压/VDC	9～15	
时钟精度/(s/日)	≤1,支持上位机自动校时	
环境温度/℃	－60～60	
环境湿度/%RH	0～100	
抗盐雾腐蚀	零件镀层耐 48 小时盐雾沉降试验	
平均功耗/W@12VDC	0.36	
通信接口	RS232	
IP 防护等级	IP65	
存储能力	20 天分钟数据	

(4) 电气连接

风横臂转接盒上 5 针插座引脚定义如表 3.19 所示。

表 3.19　DEB1 智能风测量仪引脚定义

航插示意图	引脚	线色	定义
	1	棕	电源正极(12VDC)
	2	白	电源负极(GND)
	3	蓝	RS232 TXD
	4	黑	RS232 RXD
	5	灰	RS232 GND

3.4.4　DSDZ3 智能翻斗式雨量测量仪

(1) 概述

DSDZ3 智能翻斗式雨量测量仪如图 3.44 所示。雨水通过一个面积为 $314\mathrm{cm}^2$ 的承雨口汇集,雨水无论雨强大小,先在上翻斗积蓄起来,然后再以相对恒定的雨量进入计数翻斗,当盛水量达到设计指标时翻转,另一侧翻斗继续盛水,循环运转;计数翻斗上安装有磁铁,当翻斗进行翻转的瞬间,磁铁驱动干簧管进行吸合和释放的动作,产生一个开关量信号,每一个开关量信号等同于 0.1mm 降水量。通过智能集成处理器、计数器等对开关量信号进行测量累加,可实现对降水量的自动化测量。

图 3.44　DSDZ3 智能翻斗式雨量测量仪实物图

（2）特点

雨量观测要素自动采集、存储、处理和输出。

检测点均采用电阻式检测，可检测到雨滴下落。

多个检测点动态检测、相互结合，实现对自身各状态实时监测。

可与智能集成处理器或者计算机进行交互。

（3）技术指标（表 3.20）

表 3.20　DSDZ3 技术指标表

项目	技术指标
雨强测量范围/(mm/min)	0～4
分辨力/mm	0.1
准确度	±0.4mm(≤10mm) ±4%(>10mm)
年稳定性	1 年偏差在最大误差允许范围内
供电电压/VDC	9～15
时钟精度/(s/日)	≤1
环境温度/℃	－45～60
环境湿度/%RH	10～100
抗盐雾腐蚀	零件镀层耐 48 小时盐雾沉降试验
通信接口	RS232
IP 防护等级	IP65
尺寸/mm	520×218

续表

项目	技术指标
使用温度范围/℃	0～60
平均无故障时间（MTBF）/h	≥8000
平均维修时间(MTTR)/min	≤30

(4) 电气连接

电气连接如图 3.45 所示。

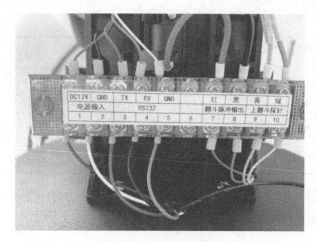

图 3.45　电气连接图

3.4.5　DYG1 智能气压测量仪

(1) 概述

DYG1 智能气压测量仪主要由压力感应元件、信号智能处理电路、电源电路三部分组成，实物图如图 3.46 所示。压力感应元件采用沟槽蚀刻硅谐振技术，把压力转换为频率信号。

图 3.46　智能气压测量仪实物图

（2）特点

高精度，全工作温度范围内气压测量准确度 0.15hPa。

高稳定性，年稳定性 0.15hPa/年。

高适用性，宽工作温度范围 -60～60℃，测量范围 450～1100hPa，适应高寒高海拔地区使用。

高智能化，具备自采集、自处理、自质控、自检测、自存储等功能。

（3）电气连接

传感器上 5 针插座引脚定义如表 3.21 所示。

表 3.21　智能气压测量仪引脚定义

航插示意图	引脚	线色	定义
	1	棕	电源正极（12VDC）
	2	白	电源负极（GND）
	3	蓝	RS232 TXD
	4	黑	RS232 RXD
	5	灰	RS232 GND

（4）技术指标

DYG1 技术指标细节如表 3.22 所示。

表 3.22　DYG1 技术指标表

项目	性能指标
测量范围/hPa	450～1100
分辨力/hPa	0.01
准确度/hPa	±0.15
供电电压/VDC	9～15
时钟精度/(s/日)	≤1，支持上位机自动校时
环境温度/℃	-60～60
环境湿度/%RH	0～100
抗盐雾腐蚀	零件镀层耐 48 小时盐雾沉降试验
平均功耗/W@12VDC	0.36
年稳定性/(hPa/年)	±0.15
通信接口	RS232
IP 防护等级	IP65
尺寸/mm	175×55×35
重量/g	380

第 4 章

智能自动气象站

智能气象站是一种集成了多种气象传感器、数据采集、传输和处理于一体的先进设备，能够实时监测温度、湿度、风速、风向、雨量、气压等多种气象参数，并通过无线网络将数据传输到云平台进行存储和分析。相比传统气象站，智能气象站具有自动化程度高、监测精度高、灵活性高、可扩展性强等优势，能够提高气象监测的覆盖率、精度和时效性，为各行业的生产和决策提供有力支持。

4.1 WUSH-PWS10 型

4.1.1 设备概述及特点

WUSH-PWS10 智能自动气象站以数字化、智能化、低功耗、高可靠性为目标，将"云+端"气象业务运行模式、物联网、人工智能、远程协助等技术相结合对气象要素进行智能性观测。WUSH-PWS10 智能自动气象站由硬件和软件组成。硬件由智能测量仪、气象智能集成处理器、电源通信控制器、实景观测仪、外围设备（电源、通信及可移动存储器等）组成。软件由省局数据监控管理中心软件、运维移动客户端、WUSH 云管家及实景监控管理平台等组成。智能自动气象站系统总体结构参见图 2.5。

4.1.2 设备调试

现场检查连接电缆和电源通信控制器、电源开关后，连接机箱内的蓄电池和太阳能电池板上电运行。此外，设备调试还包括串口调试、台站参数设置、实景摄像机参数设置、智能测量仪检查和测试等内容。

4.1.2.1 串口调试

利用串口调试工具，发送相关终端命令到气象智能集成处理器，其响应内容在响应窗口中显示。此过程实现了对气象智能集成处理器相关维护操作。调试工具软件包括"超级终端"软件、SSCOM3.2.exe 串口调试程序。SSCOM3.2.exe 程序运行的界面见图 4.1。

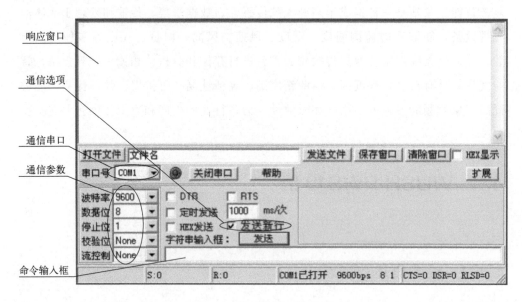

图 4.1 串口调试工具界面

4.1.2.2 台站参数设置

台站参数包括台站的经纬度、海拔高度、气压传感器海拔高度等。开始观测前，必须先对这些参数进行设置。可在安装现场直接使用超级终端或其他串口调试软件对气象智能集成处理器进行设置，也可通过数据监控管理中心软件（中心站）远程设置智能自动气象站的台站参数。

4.1.2.3 实景摄像机参数设置

实景摄像机安装完毕后，按如下步骤对实景摄像机作如下配置。

① 实景摄像机通电运行后，将实景摄像机通过预留的网络线缆与 PC 机连接，在调试计算机的浏览器中输入 IP 地址 192.168.10.16，进入登录界面。输入用户名：admin，密码：js1959radio，点击登录。

② 打开"配置"—"系统设置"—"基本信息"界面（图 4.2），修订设备名称，名称格式"台站号-位置信息"。

图 4.2 基本信息配置界面

③ 打开"配置"—"站点参数"界面（图 4.3），设定相应的台站号（与气象设备台站号同）、FTP 参数。必需配置参数如表 4.1 所示。

配置完参数后（其他参数默认），点击"保存"按钮，跳出"保存成功"提示框后完成配置。

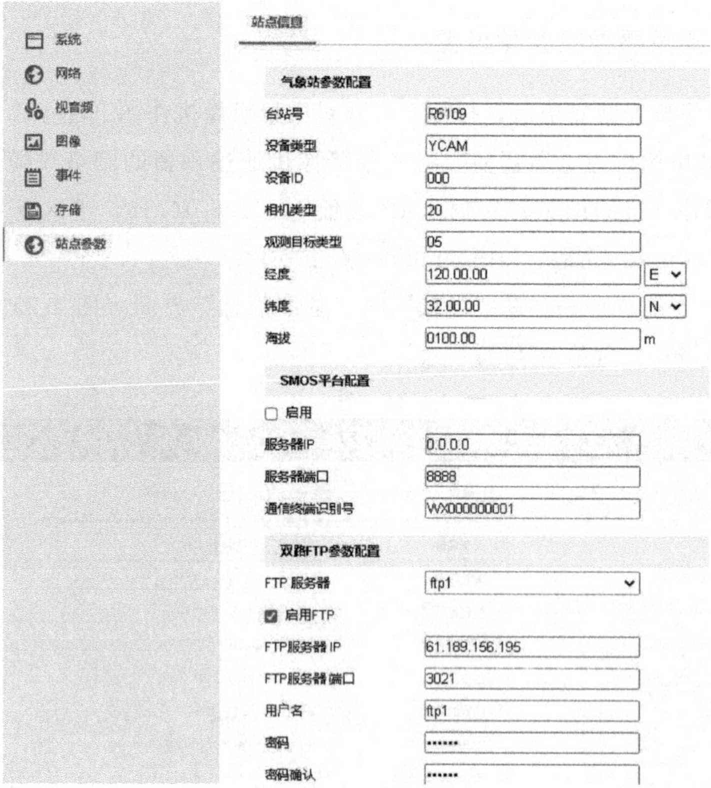

图 4.3 站点参数配置界面

表 4.1 站点参数配置表

类	项目	参数	备注
气象站参数	台站号	×××××	与气象设备台站号同
双路FTP参数	ftp 服务器	ftp1/ftp2	一路 ftp 传输时,选择 ftp1;两路传输时,分别选择 ftp1 和 ftp2 配置
	启用 ftp	勾选	
	ftp 服务器 IP	×××.×××.×××.×××	
	ftp 服务器端口	××××	
	ftp 服务器用户名	×××××	
	ftp 服务器用户密码	×××××	

4.1.2.4 智能测量仪检查和测试

① 智能翻斗雨量测量仪

为确保智能翻斗雨量测量仪的安装、连接无误,现场安装后应对翻斗雨量进行一次测试。用20cm直径雨量器的专用量杯,向雨量桶中缓缓注入10mm水,用samples命令检查翻斗雨量的分钟测量结果,并进行累加,累计结果应满足准确度要求。

② 智能风测量仪

智能风测量仪安装后,为了保证风智能测量仪的安装完好性,须对测量仪的运行情况与气象智能集成处理器当前实际的采样值进行比对。数值应在合理的范围内。

③ 检查实时采样值

安装完智能自动气象站后,需要检查数据完整性和正确性,操作如下。

键入命令:samples↙;

读取各要素分钟数据,通过该命令还可以检查气象智能集成处理器、4G通信模块及各智能测量仪配置的电源通信控制器工作状态等。返回显示值见图4.4。

正常条件下,各气象要素测量值无异常,4G模块的第一通道状态应OK,气压、气温、湿度、翻斗雨量、风、视频等智能测量仪节点工作状态正常。气压、气温、湿度、翻斗雨量、风等智能测量仪节点太阳能电池板电压约20V(显示200);气温和翻斗雨量等智能测量仪节点功耗约10mA(显示10),风和湿度等智能测量仪节点功耗约15mA(显示15);供电除视频使用备份电源外,其他均为电池供电;各智能测量仪节点在配置ZigBee站内通信的条件下,信号值应大于60。

气压	06-22 13:17	分钟 10030 (00)	分钟标准差 0 (00)			
气温1	06-22 13:17	分钟 244 (00)	分钟标准差 442 (00)	5分钟 245 (00)	5分钟标准差 0 (00)	
湿度	06-22 13:17	分钟 57 (00)	分钟标准差 50 (00)	露点温度 152 (00)		
翻斗雨量	06-22 13:17	分钟 0 (00)	5分钟 5 (00)	筒口堵塞状态 0	上翻斗状态 0	计数翻斗状态 0
风速1	06-22 13:17	瞬时 33 (00)	分钟极值 62 (00)	分钟 13 (00)	分钟标准差 180 (00)	2分钟 16 (00) 10分钟 4 (00)
风向1	06-22 13:17	瞬时 357 (00)	分钟极值 357 (00)	分钟 357 (00)	分钟标准差 16400 (00)	2分钟 341 (00) 10分钟 337 (00)
状态						
控制器	06-22 13:17	供电 (12V/5V/3.3V/1.2V) 13.5/5.19/3.29/1.20	工作电流 43.47mA	机箱温度 25.8	机箱门 打开	SD卡状态 已插入:已挂载
		ZIGBEE状态 正常	RS485状态 正常 (2022-06-22 13:17:04)	经度 120.0.0	纬度 36.0.0	海拔高度 15.50
ZIGBEE	06-22 13:17	气温1: 正常	湿度: 正常	翻斗雨量: 正常	风1: 正常	
RS485	06-22 13:17	气温1: 正常	湿度: 正常	翻斗雨量: 正常	风1: 正常	
气压	06-22 13:17	状态 正常				
气温1	06-22 13:17	状态 正常 外电压 138 内电压 121 太阳能 21 电量 99% 功耗 10 电流 1 供电 电池 掉线 0 重启 0 0 信号 71				
湿度	06-22 13:17	状态 正常 外电压 136 内电压 120 太阳能 32 电量 99% 功耗 10 电流 1 供电 电池 掉线 0 重启 0 0 信号 71				
翻斗雨量	06-22 13:17	状态 正常 外电压 137 内电压 120 太阳能 14 电量 99% 功耗 9 电流 6 供电 备份 掉线 0 重启 0 0 信号 64				
风1	06-22 13:17	状态 正常 外电压 137 内电压 120 太阳能 16 电量 99% 功耗 17 电流 3 供电 电池 掉线 0 重启 0 0 信号 71				
视频	06-22 13:17	状态 正常 外电压 123 内电压 0 太阳能 0 电量 0% 功耗 0 电流 0 供电 备份 掉线 0 重启 0 0 信号 74				

图4.4 气象智能集成处理器"SAMPLES"命令实时采样值

4.2 CAWSmart 型

4.2.1 设备概述及特点

新一代智能自动气象站是华云升达公司针对中国气象局"云+端"体制下的地面观测站设计路线,按照统一标准、统一功能、统一结构、统一方法、统一规范的设计思路,专门设计、研制的新型智能化自动气象站,能够达到现有气象基本要素的观测要求,为地面观测系统提供有效的气象观测数据。

新一代智能自动气象站采用当今成熟、稳定、先进的测量和传输技术,实现气温、气压、相对湿度、风向、风速、降水等气象要素的自动观测,并具有低功耗、高可靠、高精度、高稳定、易扩展、易维护等特性。其主要运用"云+端"和 ZigBee 新组网模式,提高了气象资料通信传输的稳定性,扩大了通信的覆盖面,增强了远程管理能力。丰富的设备状态数据,便于远程诊断维修工作的开展。数据资料具有高扩展性,包含了常规气象要素以外的智能集成处理器状态数据、各个智能测量传感器的状态数据、通信信号状态、供电系统状态、基于 GPS 和北斗双模的定位情况等。

4.2.2 系统架构

新一代智能区域自动气象站主要由各要素智能传感器、多个适配有线和无线模式的智能节点控制器、智能集成处理器、太阳能供电系统、外围设备及配套软件组成,系统架构如图 4.5 所示。

4.2.3 智能节点控制器

智能节点控制器(图 4.6)具备支持 ZigBee 与 RS485 双向数据传输的通信功能,能够自动切换通信方式并接收和转发集成处理器的命令。该控制器具备 ZigBee 组网功能,可自动或手动组网,识别智能测量仪的类型和 ID,生成 MAC

第 4 章 智能自动气象站

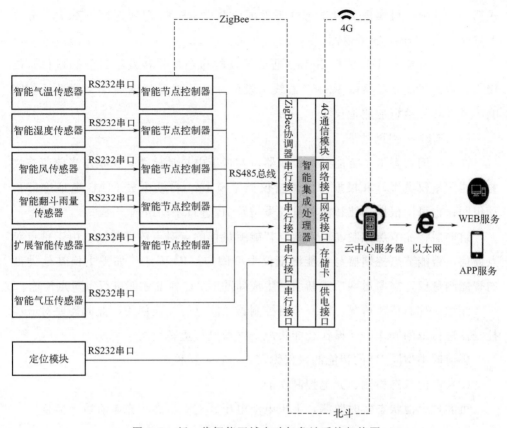

图 4.5 新一代智能区域自动气象站系统架构图

地址实现点对点数据传输,若更换智能测量仪则需重新组网。智能节点控制器还具备电池状态检测与充电控制功能,能够实时监测电池状态并上报电池电压、充电状态及阶段,同时具备板卡检测功能,实现对板卡状态和电压的实时监控。具体实现功能如下。

图 4.6 节点控制器实物图

(1) 数据通信功能

支持 ZigBee 与 RS485 两种通信方式的双向数据传输,且支持在两种通信方式间自动切换。可实现 RS485 方式下发的命令由 RS485 总线返回，ZigBee 方式下发命令由 ZigBee 通道返回。

能够接收集成处理器由 ZigBee 通道下发的命令，并转发给智能测量仪。能接收并解析集成处理器由 RS485 总线下发的命令，然后根据命令类型进行功能响应或者转发给智能测量仪。

（2）ZigBee 组网功能

在未组网状态下，智能节点控制器可实现上电自动检测，识别出当前所连接的智能测量仪类型，并根据智能测量仪类型及 ID，自动生成 MAC 地址进行自动组网；也可以根据连接智能测量仪类型及 ID 进行手动组网。

组网后智能节点控制器可实现与智能测量仪的点对点数据传输。由于是点对点通信，智能节点控制器与智能测量仪类型固定、ID 固定。如需更换其他类型的智能测量仪，需要退网后重新组网生成新的 MAC 地址才能进行点对点传输。

注意：如遇特殊情况，需要节点控制器之间进行互换使用，此时需要对节点控制器进行退网操作，并操作智能集成处理器进行重新组网。

更换同类型同 ID 的智能测量仪无需进行重新组网。

（3）电池状态检测、充电控制功能

可实现电池状态实时监测，上报电池电压、充电状态、充电阶段等信息。

（4）板卡检测功能

可实现板卡状态检测，对板卡电压进行实时监控。

节点控制器指示灯及接口如图 4.7 所示，节点控制器指示灯状态定义见表 4.2。

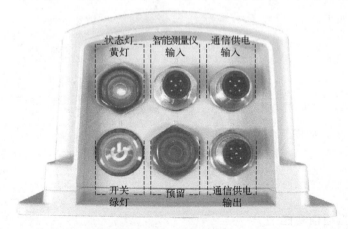

图 4.7 节点控制器指示灯及接口示意图

表 4.2 节点控制器指示灯状态定义表

指示灯名称	颜色	状态	定义
开机按钮+电源指示灯	绿	常亮	正常上电
状态运行灯	黄	每周期闪烁 4 次	未入网
状态运行灯	黄	每周期闪烁 3 次	已入网,未连接主协调器
状态运行灯	黄	每周期闪烁 2 次	已入网,并在当前网络中

节点控制器技术指标如表 4.3 所示。

表 4.3 节点控制器技术指标表

参数名称	技术指标
供电电压/VDC	9~15
平均功耗/W@12VDC	不大于 0.4
尺寸/mm(偏差±3mm)	长 170×宽 121×高 81(不规则形状,测量值均为设备最大部位)
重量/kg	1.1
RS485 通信参数	19200,N,8,1

4.2.4 太阳能供电单元

电源系统采用太阳能供电方式时,由太阳能电池板、太阳能电源控制器、刀片和开关及蓄电池四部分组成。

4.2.4.1 太阳能电池板

太阳能电池板,作用是将太阳的辐射能转换为电能。

4.2.4.2 太阳能电源控制器

(1) 概述

太阳能电源控制器(如图 4.8 所示),对太阳能电池板输出的电能进行转换,为蓄电池充电,同时也为自动站直接供电。充电过程中带有控制功能,防止过充与过放现象发生,此外还具有太阳能组件反向电流保护。

图 4.8　太阳能电源控制器实物图

（2）技术参数

太阳能电源控制器技术指标如表 4.4 所示。

表 4.4　太阳能电源控制器技术指标表

项目	技术指标	
设备型号	8.8B	1515
系统电压/VDC	12	12
允许接入电池电压范围/VDC	9～17	9～17
最大负载电流/A	8	15
接入太阳能板最大电流/A	8	15
接入太阳能板最大电压/VDC	47	47
浮充电压/VDC	13.9	13.9
快充电压/VDC	14.7	14.7
均充电压/VDC	14.7	14.7
自恢复电压值(LVR)/VDC	12.5	12.5
深放电保护电压值(LVR)/VDC	11.2	11.2

（3）电气连接

太阳能电源控制器的电气连接如图 4.9 所示。

4.2.4.3　通信单元

（1）无线-4G 传输概述

DPZ6 智能集成处理器内置通信模块将数据通过 TCP/IP 数据通信方式，依

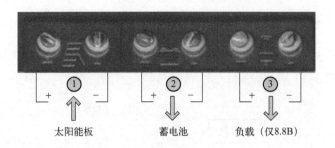

图 4.9 电气连接

照特定的通信协议格式,通过 4G 无线网络定向发送给中心站服务器(图 4.10)。同时,通信模块也可通过无线网络接收中心站的控制指令,完成特定的任务操作(如提取历史数据等)。

图 4.10 内置 4G 通信模块

(2)北斗高精度授时定位器

北斗高精度授时定位器,具有授时精度优于 1ms(需增加差分服务),水平定位精度优于 1m,支持北斗 3 信号体制,支持单北斗定位/双频,支持远程唤醒等功能与特性。

4.2.5 设备调试

设备调试应注意保存通信相关参数:中心站 IP 地址、端口号、区站号、站点手机号。台站信息:气压传感器海拔高度、经度、纬度。

4.2.5.1 初始化操作

CAWSmart 型智能站的初始化操作包括设参数、看数据和查状态，其具体操作内容如图 4.11 所示。

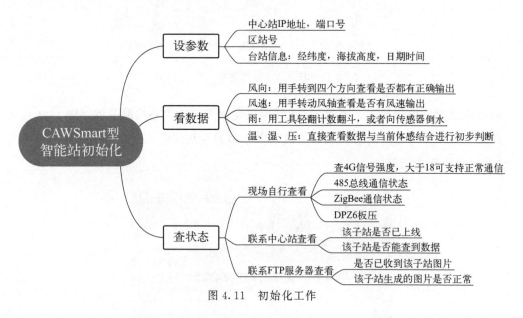

图 4.11 初始化工作

4.2.5.2 软件调试

调试线一端接计算机，一端接 DPZ6 集成处理器"调试口"，如图 4.12 所示。

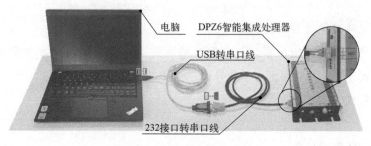

图 4.12 调试连接示意图

打开智能站新型站串口测试工具软件，选择正确的串口号，波特率默认为 19200，点击打开串口。此时串口状态应为绿色。等待 2min 左右可读取分钟数据（图 4.13）。

第 4 章 智能自动气象站

图 4.13　串口状态示意图

（1）获取所有智能传感器的 SN 序列号

将智能节点控制器通电，检查设备黄灯闪烁情况。当 4 个节点控制器都闪两下后，点击"智能站设备更换"界面下方的"显示详细指令"。

在"显示详细指令"界面，点击读取传感器的真实 SN 号后面的"发送指令"按钮，等待软件回复所有智能传感器的真实 SN 号。

智能站会回复 5 个 SN 序列号，其中 YTPS 代表气压，YWPD 代表风，YHMS 代表湿度，YTMP 代表温度，YTBR 代表雨量（图 4.14）。

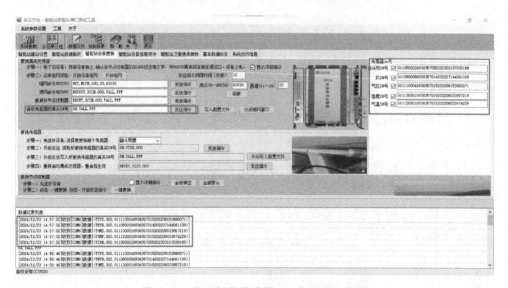

图 4.14　获取智能传感器 SN 序列号示意图

（2）设置 IP 地址、端口号、区站号等其他参数

选择智能站新型站串口测试工具软件中的"智能站建站设置"，进入参数设置界面，必设参数有以下四个（图 4.15）：

① 设置主中心站 IP 地址及端口号。在主中心站 IP 地址部分填写主 IP 地址和端口号，点击"设置"按钮。

② 设置采集器区站号。在采集器区站号部分填写正确的区站号，点击"设置"按钮。

③ 设置日期时间。日期时间部分请先确认计算机时间是否正确，点击"当前时间"按钮，软件会自动获取计算机当前时间，再点击"时间同步"按钮，对 DPZ6 集成处理器进行校时。

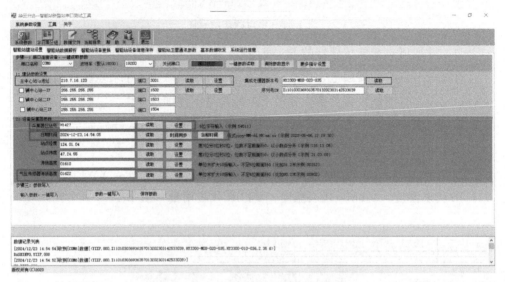

图 4.15　设置参数示意图（必设）

④ 设置气压传感器海拔高度。气压传感器海拔高度部分，海拔高度单位为 0.1m，请填写正确的气压表海拔高度，如 162.2m，写入 01622。点击"设置"按钮。

以下两个为选设参数（图 4.16），请按照相关要求进行设置：

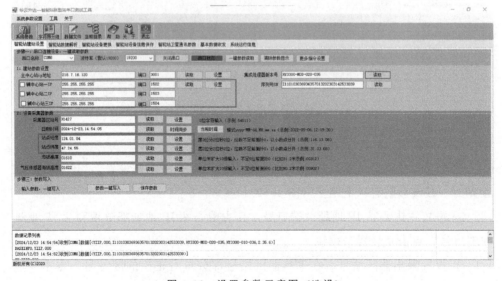

图 4.16　设置参数示意图（选设）

① 若需要设置辅助 IP，在辅中心站 IP 地址部分填写辅 IP 地址和端口号，对开启的辅 IP 地址进行勾选，点击"设置"按钮。

② 在站点经度和站点纬度部分填写正确的经纬度，点击"设置"按钮。

（3）获取智能站数据并检查

设置完参数后，点击"智能站数据解析"按钮，默认数据指令为 READDATA，YIIP，000✓，无需修改。点击"发送"按钮，软件会自动解析接收到的智能站数据。

关注要点：

① 温度、湿度、风向、风速、气压、雨量的相关数据是否正常、完整。

② 集成处理器板电压是否正常。

③ 4G 信号强度是否正常。

④ 湿度通信盒，翻斗雨量，温度通信盒，10m 风通信盒的电压是否正常。

⑤ Zigbee 通信状态是否正常。

智能站数据状态示例解析：

① 温度、湿度、风向、风速、气压、雨量的相关数据请按照实际情况进行对照，数据中温度，气压，风速，雨量为扩大 10 倍输出，风向和湿度输出原值，例如图 4.17 中－074 代表温度－7.4℃。

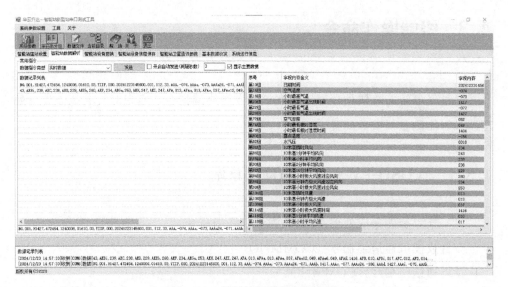

图 4.17 智能站数据部分示意图

② 集成处理器电压扩大 10 倍输出，一般为 12V 以上。

③ 4G 信号强度推荐为 25～31。

④ 湿度通信盒，翻斗雨量，温度通信盒，10m 风通信盒的电压扩大 10 倍输出，一般为 11.5V 以上。

⑤ ZigBee 通信状态一般为 0（图 4.18）。

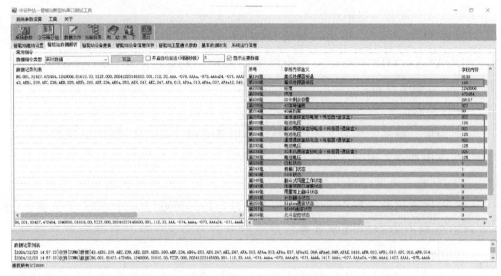

图 4.18　智能站状态部分示意图

4.3　终端操作命令

通过气象智能集成处理器本地调试口发送终端指令，实现对气象智能集成处理器和智能测量仪参数配置。

4.3.1　WUSH-PWS10 型自动气象站

（1）气象智能集成处理器/智能测量仪终端命令

设置或读取通信终端号（COMMNO）

读取通信终端号：COMMNO✓

设置通信终端号：COMMNO 12345678901✓

（2）ZigBee 协调器终端命令集

通过气象智能集成处理器的 COM0 口发送终端指令，实现对协调器进行参数配置。常用的终端指令如表 4.5 所示。

表 4.5　协调器常用的终端指令

终端命令	描述	配置参数	备注
+++	开启与协调器通信	—	返回 OK 后可以直接从 COM0 输入 AT 命令设置协调器的参数（开启协调器通信后，必须在 30s 内进行设置，否则将通信链路将关闭，需要再次输入开启命令）
ATCH	读取或设置通道（即射频频段）	ATCH1A	通道设置为 0x1A。协调器默认参数为 0x1A，一般不需要配置
ATID	读取或设置 ID（网络的 ID）	ATID1959	ID 设置为 0x1959。协调器默认参数为 0x1959，仅在多套系统联调时需要配置，但调试完毕后还需要恢复默认值
ATAP	读取或设置通信模式	ATAP1	模式设置为 1 协调器模式
ATWR	保存协调器参数设置	ATWR	保存协调器参数设置
ATNN	下次重启后放弃当前网络，重新组网，该指令迫使自动重新启动	ATNN	放弃当前的网络，重新组网
ATVR	—	输出版本号信息	只读

注：当多套系统集中在一起同时联机测试时，为防网络之间通信串扰，请将协调器的网络 ID 依次设置 0×0001、0×0002、0×0003，…，0×FFFF，待联测测试完毕后再将协调器的网络 ID 重新配置为 0×1959。

(3) 电源通信控制器/通信控制器终端命令集

电源通信控制器与通信控制器常用的终端指令如表 4.6 所示。

表 4.6　通信控制器常用的终端指令

终端命令	描述	配置参数	备注
COMDEV	读取或设置串口设备类型	COMDEV 0 COMPUTER COMDEV 1 XBEE COMDEV 2 BACKUP COMDEV 3 SENSOR	默认参数，一般情况下，不需要配置
SETCOMEX	读取或设置串口通信参数	SETCOMEX 0 9600 8 N 1 SETCOMEX 1 115200 8 N 1 SETCOMEX 2 9600 8 N 1 SETCOMEX 3 9600 8 N 1	默认参数，一般情况下，不需要配置
MPTSMODE	读取或设置传感器接口通信模式	MPTSMODE 1	设置成 1（RS485 模式）

续表

终端命令	描述	配置参数	备注
ID	读取或设置电源通信控制器/通信控制器 ID	ID, P&TM, 037, 037	默认参数, 一般情况下, 不需要配置
ATCH	读取或设置通道(即射频频段)	ATCH1A	通道设置为 0x1A。协调器默认参数为 0x1A, 一般不需要配置
ATID	读取或设置 ID(网络的 ID)	ATID 0x1959	ID 设置为 0x1959, 一般情况下, 不需要配置。仅在多套系统联调时需要配置成同协调器的 ID, 但调试完毕后还需要恢复默认值
其他参数保持默认			

4.3.2 CAWSmart 型自动气象站终端命令

(1) 读取所有传感器的实际序列号(SN, YALL)

命令: SN, YALL, FFF↙

返回: <YTBR, 000, G11140011006936357001201806280005074>↙
　　　<YWPD, 000, G11160059006936357001202104220003064>↙
　　　<YHMS, 000, G11130074006936357001202104220003074>↙
　　　<YTMP, 000, G11120365006936357001202104220003072>↙
　　　<YTPS, 000, G11110087006936357001202104220003068>↙

设备终端常用信息如表 4.7 所示。

表 4.7 设备终端常用信息表

序号	设备名称	型号	设备标识符
1	智能气温测量仪	DWZ1	YTMP
2	智能湿度测量仪	DHC1	YHMS
3	智能气压测量仪	DYG1	YTPS
4	智能风测量仪	DEB1	YWPD
5	智能翻斗式雨量测量仪	DSDZ3	YTBR
6	智能集成处理器	DPZ6	YIIP

(2) 添加删除传感器（SETSENSOR）

命令内容：SETSENSOR

参数：设备标识符，设备ID，传感器标识符，允许位，传感器标识符，允许位，传感器标识符，允许位。

若查询当前是否含有扩展要素，

键入命令为：

  SETSENSOR，YIIP，000↙

返回值：＜YIIP，000，YAWP，0，YSGT，0，YFSV，0＞↙代表没有扩展要素使能。

  ＜YIIP，000，YAWP，1，YSGT，1，YFSV，1＞↙代表使能了全部三个扩展要素。

若添加能见度、地温、称重降水三个扩展要素，

键入命令为：

  SETSENSOR，YIIP，000，YFSV，1，YSGT，1，YAWP，1↙

返回值：＜YIIP，000，T＞↙代表设置成功。

若删除能见度、称重降水和地温三个扩展要素，

键入命令为：

  SETSENSOR，YIIP，000，YFSV，0，YAWP，0，YSGT，0↙

返回值：＜YIIP，000，T＞↙代表设置成功。

(3) 设备自检（AUTOCHECK）

命令内容：AUTOCHECK

参数：设备标识符，设备ID。

返回值：＜设备标识符，设备ID，T/F，设备输出信息＞↙T表示自检成功，F表示自检失败。

(4) 主中心站的IP和端口号（COMMEXT）

设置命令：SETCOMMEXT00 36.111.116.178　1415（此处有27个空格）CMNETT!↙

返回值：＜SETCOMMEXT00OK!＞表示设置成功。

设置完毕后，读取一下该参数以确认设置成功：

命令内容：GETCOMMEXT00!↙

返回值：GETCOMMEXT00　36.111.116.178　1415　CMNETT!

COMMEXT00命令格式与出厂参数如表4.8所示。

表 4.8 COMMEXT00 命令格式与出厂参数

参数名称	参数出厂值	位数
IP 地址	255.255.255.255	15
端口号	1500	6
接入点	CMNET	32
协议	T	1

(5) 辅中心站的 IP 和端口号（COMM04）

读取辅中心站的 IP 和端口号，

键入命令为：

  GETCOMM04！✓

返回值：GETCOMM04255.255.255.255　1502255.255.255.255　1503255.255.255.255　1504000！

设置辅中心站的 IP 和端口号，

命令：

  SETCOMM04255.255.255.255　1502255.255.255.255　1503255.255.255.255　1504000！✓

返回值：SETCOMM04OK！

COMM04 命令共包括 9 个参数项，其中 IP 地址和端口号如果位数不足，前补空格。其命令格式与出厂参数如表 4.9 所示。

表 4.9 COMM04 命令格式与出厂参数

参数名称	参数出厂值	位数
辅助 IP 地址 1	255.255.255.255	15
辅助 IP 地址 1 端口号	1502	6
辅助 IP 地址 2	255.255.255.255	15
辅助 IP 地址 2 端口号	1503	6
辅助 IP 地址 3	255.255.255.255	15
辅助 IP 地址 3 端口号	1504	6
辅助 IP 地址 1 允许位	0	1
辅助 IP 地址 2 允许位	0	1
辅助 IP 地址 3 允许位	0	1

(6) 设置握手机制方式 (SETCOMWAY)

命令内容：SETCOMWAY

参数为：设备标识符，设备ID，握手方式（1为主动发送方式，0为被动读取方式），

键入命令为：

  SETCOMWAY，YIIP，000，1✓

返回值：＜YIIP，000，F＞✓表示设置主动发送失败，返回＜YIIP，000，T＞✓表示设置主动发送成功。

(7) 读取设备标识位 (DI)

命令内容：DI

参数：YALL，FFF。

读取智能集成处理器设备标识位，

键入命令为：

  DI，YALL，FFF✓

正确返回值为：＜YIIP，000＞✓。

(8) 重启设备 (RESET)

命令内容：RESET

参数：设备标识符，设备ID，

键入命令为：

  RESET，YIIP，000✓

此时设备会重启，等待约1min，设备会返回当前版本号。

(9) 设置或读取设备的服务类型 (ST)

命令内容：ST

参数：设备标识符，设备ID 服务类型（2位数字）。

若设备用于基准站，

键入命令为：

  ST，YIIP，000，00✓

返回值：＜YIIP，000，F＞✓表示设置失败，＜YIIP，000，T＞✓表示设置成功。

若设备服务类型为00，

键入命令：ST，YIIP，000，00✓

正确返回值为＜YIIP，000，00＞✓。设备端需要对设备服务类型进行存储。

(10) 设置或读取设备主动模式下的发送时间间隔（FTD）

命令内容：FTD

参数：设备标识符，设备 ID，FI，mmC（FI 代表帧标识；mmC 表示时间间隔，其中 C 代表时间单位：用 H 表示小时，M 表示分钟，S 表示秒。当 C 为 "H"，mm 值在 01～24 之间；当 C 为 "M"，mm 值在 01～59 之间；当 C 为 "S"，mm 值在 00～59 之间，当 mm 为 00，即 mmC 为 "00S" 时，表示主动模式下取消自动发送 FI 类型的数据包。）设置的时间间隔不能小于帧标识中的时间间隔。

若设置设备主动发送实时分钟数据的时间间隔为 5min，

键入命令为：

　　FTD，YIIP，000，001，05M↵

返回值：＜YIIP，000，F＞↵表示设置失败，＜YIIP，000，T＞↵表示设置成功。

若设置设备主动发送整点小时定时数据的时间间隔为 1 小时，

键入命令为：

　　FTD，YIIP，000，160，01H↵

返回值：＜YIIP，000，F＞↵表示设置失败，＜YIIP，000，T＞↵表示设置成功。

若设备具有实时分钟数据和小时定时数据两种数据包格式，但只主动发送小时定时数据，发送时间间隔为 1 小时，

键入命令为：

　　FTD，YIIP，000↵

正确返回值为：＜YIIP，000，001，00S，160，01H＞↵。

(11) 设置或读取设备的通信参数（SETCOM）

命令内容：SETCOM

参数：设备标识符，设备 ID，波特率，数据位，奇偶校验，停止位。

若设备的波特率为 19200bps，数据位为 8，奇偶校验为无，停止位为 1，对设备进行设置，

键入命令为：

　　SETCOM，YIIP，000，19200，8，N，1↵

返回值＜YIIP，000，F＞↵表示设置失败，＜YIIP，000，T＞↵表示设置成功。

若读取设备通信参数，

键入命令为：

　　　　SETCOM，YIIP，000✓

正确返回值为<YIIP，000，19200，8，N，1>✓。

非特殊情况下不对设备波特率进行修改，波特率修改范围为（1200，2400，4800，9600，19200，38400，57600，115200）。波特率修改时应先返回数据再修改波特率。设备一旦修改波特率后需记录更改后的波特率设置备查。

（12）读取设备各工作参数值（SS）

命令内容：SS

参数：设备标识符，设备ID。

返回值：设备标识符，设备ID，设备各工作参数值（应包括所有进行设置的参数，参数顺序按照相应命令出现的顺序）。

读取设备各工作参数值，

键入命令为：

　　　　SS，YIIP，000✓

返回值：<YIIP，000，SETCOM，19200，……>✓。

（13）复位全部参数并重启（SETPARADEFAULT!）

命令内容：SETPARADEFAULT!

返回值：SETPARADEFAULTOK!表示复位成功。

SETPARADEFAULTERROR!表示复位失败。

（14）版本信息（GETDEBUG54!）

命令：GETDEBUG54!

返回值：返回设备基本信息和软件版本号。

（15）设置或读取设备的区站号（QZ）

命令内容：QZ

参数：设备标识符，设备ID，设备区站号（5位字符）。

若所属气象观测站的区站号为85749，

键入命令为：

　　　　QZ，YIIP，000，85749✓

返回值：<YIIP，000，F>✓表示设置失败，<YIIP，000，T>✓表示设置成功。

若设备的区站号为 85749，读取设备的区站号，

键入命令为：

  QZ，YIIP，000↙

正确返回值为＜YIIP，000，85749＞↙。

(16) 帮助命令（HELP）

命令内容：HELP

参数：设备标识符，设备 ID。

返回值：设备标识符，设备 ID，终端命令清单各命令之间用半角逗号分隔。

4.3.3 共用命令

(1) 实时读取数据（READDATA）

命令内容：READDATA

参数：设备标识符，设备 ID，帧标识。

若获取设备中最近一条分钟数据，

键入命令为：

  READDATA，YIIP，000↙

返回值：＜YIIP，000，F＞↙表示读取失败，正确返回：当前数据（见表4.10）。

表 4.10 READDATA 分钟数据示例与解析

READDATA 分钟数据示例：
BG,001,90001,401214,1161331,00600,03,YIIP,000,20210830090700,001,030,20,AAA,0270,ADA,037,ADB,0111,ADC,0132,AEA,248,AEB,248,AEC,247,AED,245,AEF,248,AFA,000,AFAa,000,AFB,000,AFC,000,AFD,000,AGA,10082,AGB,10152,AHA,000,AHC,000,6587,ED

传感器名	输出变量名	含义	示例数据	读数
温度（YTMP）	AAA	空气温度	0270	27.0℃
湿度（YHMS）	ADA	空气湿度	037	37%RH
	ADB	露点温度	0111	11.1℃
	ADC	水汽压	0132	13.2hPa

续表

传感器名	输出变量名	含义	示例数据	读数
10m 风（YWPD）	AEA	10m 高瞬时风向	248	248°
	AEB	10m 高 1min 平均风向	248	248°
	AEC	10m 高 2min 平均风向	247	247°
	AED	10m 高 10min 平均风向	245	245°
	AEF	10m 高 1min 内极大风速对应风向	248	248°
	AFA	10m 高瞬时风速	000	0.0m/s
	AFAa	10m 高 1min 内极大风速	000	0.0m/s
	AFB	10m 高 1min 平均风速	000	0.0m/s
	AFC	10m 高 2min 平均风速	000	0.0m/s
	AFD	10m 高 10min 平均风速	000	0.0m/s
气压（YTPS）	AGA	气压	10082	1008.2hPa
	AGB	海平面气压	10152	1015.2hPa
翻斗雨量（YTBR）	AHA	翻斗分钟降水	000	0.0mm
称重雨量（YAWP）	AHC	称重分钟降水	000	0.0mm

若获取设备中最近一条整点小时定时数据，

键入命令为：

  READDATA，YIIP，000，160↙

返回值：＜YIIP，000，F＞↙表示读取失败，正确返回：当前整点数据。

（2）历史数据下载（DOWN）

命令内容：DOWN

参数为：设备标识符，设备 ID，开始日期，开始时间，结束日期，结束时间，帧标识。下载指定时间范围内对应帧类型的观测记录数据。

若获取设备中 2024 年 7 月 21 日 20 时 0 分 0 秒至 2024 年 7 月 24 日 20 时 0 分 0 秒的分钟数据，

键入命令为：

  DOWN，YIIP，000，2024-07-21，20：00：00，2024-07-24，20：00：00↙

返回值：＜YIIP，000，F＞↙表示读取失败，正确返回：实时分钟历史数据。

若获取设备中2024年7月21日20时0分0秒至2024年7月24日20时0分0秒的整点小时定时数据，

键入命令为：

  DOWN，YIIP，000，2024-07-21，20：00：00，2024-07-24，20：00：00，160↙

返回值：＜YIIP，000，F＞↙表示读取失败，正确返回：历史整点小时数据。

（3）设置或读取设备日期与时间（DATETIME）

命令内容：DATETIME

参数：设备标识符，设备ID，YYYY-MM-DD，HH：MM：SS（YYYY为年，MM为月，DD为日，HH为时，MM为分，SS为秒）。

若对设备设置的日期为2024年5月27日12时34分00秒，

键入命令为：

  DATETIME，YIIP，000，2024-05-27，12：34：00↙

返回值：＜YIIP，000，F＞↙表示设置失败，＜YIIP，000，T＞↙表示设置成功。

若设备的日期为2024年5月27日，12时35分00秒，读取设备日期时间，

键入命令为：

  DATETIME，YIIP，000↙

返回值为：＜YIIP，000，2024-05-27，12：35：00＞↙。

（4）设置或读取气象观测站的纬度（LAT）

命令内容：LAT

参数：设备标识符，设备ID，DD.MM.SS（DD为度，MM为分，SS为秒）。

若设备所属纬度为32°14′20″，

键入命令为：

  LAT，YIIP，000，32.14.20↙

返回值：＜YIIP，000，F＞↙表示设置失败，＜YIIP，000，T＞↙表示设置成功。

若设备中的纬度为42°06′00″，

键入命令为：

  LAT，YIIP，000↙

正确返回值为＜YIIP，000，42.06.00＞↙。

(5) 设置或读取气象观测站的经度（LONG）

命令内容：LONG

参数：设备标识符，设备ID，DDD.MM.SS（DDD为度，MM为分，SS为秒）。

若设备所属的经度为116°34′18″，

键入命令为：

  LONG，YIIP，000，116.34.18↵

返回值：＜YIIP，000，F＞↵表示设置失败，＜YIIP，000，T＞↵表示设置成功。

若设备中的经度为108°32′03″，

键入命令为：

  LONG，YIIP，000↵

正确返回值为＜YIIP，000，108.32.03＞↵。

(6) 读取设置台站海拔高度（ALT）

命令内容：ALT，YIIP，000↵

返回值：＜YIIP，000，00600＞↵代表当前台站海拔高度为60.0m。

设置：ALT，YIIP，000，00600↵

返回值：＜YIIP，000，T＞↵。

(7) 读取设置气压传感器海拔高度（ALTP）

命令内容：ALTP，YIIP，000↵

返回值：＜YIIP，000，00612＞↵

设置：ALTP，YIIP，000，00612↵

返回值：＜YIIP，000，T＞↵。

(8) 设置或读取设备（ID）

命令内容：ID 参数：设备标识符，3位数字。

设备ID为：003，对设备进行设置，

键入命令为：

  ID，YIIP，000，003↵

返回值：＜YIIP，000，F＞↵表示设置失败，＜YIIP，003，T＞↵表示设置成功。

若为读取设备ID参数，直接键入命令：

  ID，YALL，FFF↵

正确返回值为：＜YIIP，000＞↵。

第 5 章
非智能自动气象站

5.1 华云升达系列自动气象站

华云升达系列自动气象站可将采集数据按照检索顺序存储到本机配置的大容量存储器中,根据系统网络通信参数配置,将监测到的气象要素数据通过网络发送到中心服务器,通过网络接收中心服务的远程集中管理与配置,实现网络化的智能管理。

华云升达系列自动气象站由硬件和软件两大部分组成。硬件包括采集器、外部总线、传感器、通信服务器、外围设备五部分;软件包括嵌入式软件和业务软件两部分,其中嵌入式软件为 Linux 操作系统,业务软件包括调试软件、处理软件及终端显示软件。前期产品可自主采集雨量、温度两个基本要素,满足自动气象站监测要素配置要求,目前即可按照系统参数配置自动实时采集需要监测的气象要素,同时可以对采集到特定要素数据按照特定格式与算法进行处理。主要可搭载 CAWS600 系列、HY324、HY361、HY364 和 HY3000 型采集器,按照需求可将 2 要素扩展到 9 要素观测。

5.1.1 系统工作原理

CAWS600 系列自动气象站系统电源为整个系统工作提供电源,其输入范围为 5.5~15V，输入包括铅酸蓄电池与太阳能板，两个电源经过充、放电控制电路后向系统提供 6V 电压，系统电源将该电源转化成 5V、4.2V、3.3V 三个电源供系统使用。

CAWS600 系列自动气象站系统主要由中央控制模块、无线数据通信模块、数据采集模块、数据存储模块、串数据通信模块、实时时钟、工作状态指示模块构成，具体工作原理如图 5.1 所示。

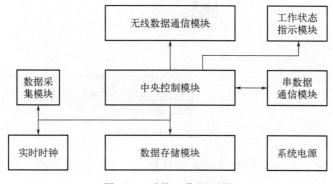

图 5.1　系统工作原理图

中央控制模块采用高性能的中央处理器（CPU），集成度高、功耗低、抗干扰能力强。数据存储模块采用大容量的可电擦除的存储器，系统数据存储安全、停电不丢失数据，低功耗且体积小。实时时钟采用高精度的集成电路器件，体积小、功耗低。串数据通信模块采用单电源的标准工业级控制芯片，用于与主机或便携式设备连接。数据采集模块通过防雷板与 Pt100 铂电阻传感器、风向、风速传感器、气压及雨量传感器等传感器连接，传感器将采集到的实时数据通过通信服务器实时传送给接收系统，整个设备由供电系统提供所需的电源（图 5.2）。Pt100 接口采用四线制，电路设计自带校准功能，可保证在 −50~100℃ 范围内温度测量精度达到 ±0.1℃。雨量脉冲、风速脉冲两个接口均采用带光电耦合器隔离的数字量输入接口，可有效防止雷击及高频干扰。风向、模拟电压接口可兼容 0~2.5V 与 0~5V 两种输出的传感器，通过软件上的风向传感器类型参数设置即可实现切换。

CAWS600 系列自动气象站具体接线图如图 5.3 所示，室外部分有温度、湿度、气压（采集器机箱内）、地温、风向、风速、感雨、雨量、辐射、日照和蒸发等传感器、供电系统和 CAWS600 数据采集器及前置机；室内部分主要有主控机、打印机、UPS 不间断电源等。各个传感器的感应元件随着气象要素的变化，使得相应传感器输出的电量产生变化，这种变化由数据采集器所采集，并进行线

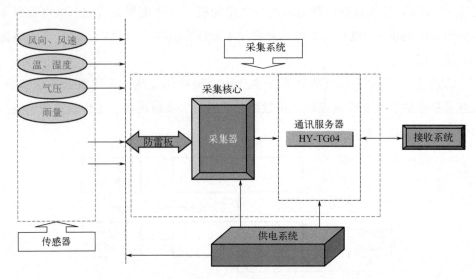

图 5.2 结构原理图

性化和定标处理，实现工程量到要素量的转换；对数据进行质量控制；通过预处理后得出各个气象要素的实时值，可通过标准 RS232 通信口传送到主控机中，并实时显示。在定时观测时刻，数据采集器中的观测数据通过标准 RS232 通信口秒送到主控机中进行计算处理后，并按统一的格式生成数据文件存储。同时可按规定生成各种气象报告电码，对观测数据资料进一步加工处理后，生成全月数据文件及全年数据文件，利用配备的打印机可打印出气象报表。传感器将对应气象要素的变化转换成电量的相应变化，以便于完成自动测量。接口与保护电路（防雷板）将各路传感器的信号传输到数据采集器，并提供防感应雷击和电源过载保护，以避免自动站由于过长的信号传输电缆所带来的干扰和损坏。每个传感器的接线严格按照规定的颜色连接，通过接线图可以直观地了解线路的走向，方便维护。

HY3000 的接线图如图 5.4 所示，每个传感器的接线严格按照规定的颜色连接，通过接线图可以直观地了解线路的走向，方便维护。采集器为 HMP155A 温湿度传感器提供+12V 电源，为 EL15 风向风速传感器提供+5V 电源，传感器的信号通过防雷板传送给采集器，防雷板的作用是当设备遭受雷击时通过防雷二极管与地短路，更好地保护设备。

HY3000 接线较多，按顺序将 1～19 号连线连接完毕，1～7 为温湿度传感器接入线，8、9 为雨量接入线，10～19 为风传感器接入线，RS232-3 为气压传感器。

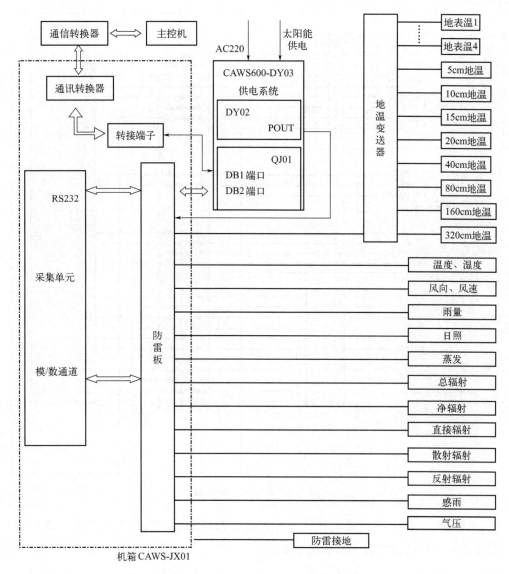

图 5.3 CAWS600 系列自动气象站系统连接示意图

5.1.2 供电系统

5.1.2.1 工作流程

太阳光被太阳能电池板捕获并转化为电能,这些电能随后被输入到太阳能电源控制器的太阳能接收端口。由太阳能电源控制器将其转换为稳定的 12V 直流

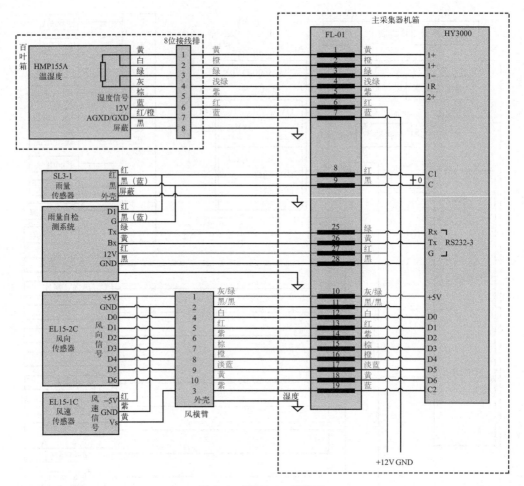

图 5.4 HY3000 接线图

电。这路 12V 直流电在过充过放等保护措施的控制下,为蓄电池充电,最后由蓄电池输出的电能为自动站系统供电。

5.1.2.2 太阳能电源控制器

电源控制器可利用太阳能电池板输出的电能为蓄电池充电,同时也为自动站直接供电。充电过程中带有控制功能,防止过充与过放现象发生,此外还具有太阳能组件反向电流保护。

(1) 8.8B 电源控制器

8.8B 电源控制器上一共有四个 LED 指示灯,如图 5.5 所示。

一个 Info,信息指示灯;

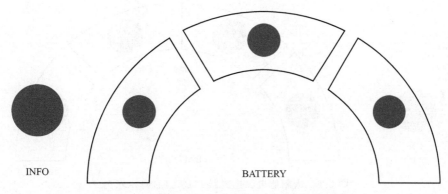

图 5.5　太阳能电源控制器 8.8B LED 灯示意图

三个 Battery，蓄电池指示灯，从左至右颜色分别为红、黄、绿。LED 灯各种状态所代表的意义见表 5.1。

表 5.1　太阳能电源控制器 8.8B LED 灯状态含义表

序号	LED	状态	含义
1	信息指示灯	显示绿色	正常
		红色闪烁	系统故障： 1. 充电电流过高 2. 过载/短路 3. 环境温度过高
			与蓄电池红色 LED 一起出现： 蓄电池电压过低
			与蓄电池绿色 LED 一起出现： 蓄电池电压过高
2	蓄电池指示灯　红	快速闪烁	蓄电池放空，低压关断报警
		闪烁	蓄电池电压值位于低电压监测点以下
3	蓄电池指示灯　黄	常亮	蓄电池电压偏低
		闪烁	蓄电池电压值未达到低电压监测点
4	蓄电池指示灯　绿	常亮	蓄电池状态良好
		闪烁	蓄电池充满，充电状态正常

(2) 1515 电源控制器

1515 电源控制器上一共有五个 LED 指示灯，如图 5.6 所示。

一个 Info，信息指示灯；

四个 Battery，蓄电池指示灯，从左至右颜色分别为红、黄、绿 1、绿 2。LED 灯各种状态所代表的意义见表 5.2。

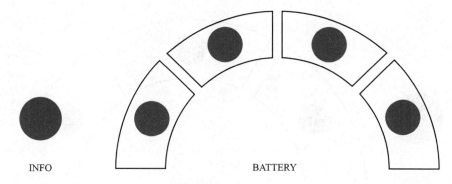

图 5.6 太阳能电源控制器 1515 LED 灯示意图

表 5.2 太阳能电源控制器 1515 LED 灯状态含义表

序号	LED	状态	含义
1	信息指示灯	显示绿色	正常
		红色闪烁	系统故障： 1. 充电电流过高 2. 过载/短路 3. 环境温度过高
			与蓄电池红色 LED 一起闪烁： 蓄电池电压过低
			与蓄电池绿色 LED2 一起闪烁： 蓄电池电压过高
2	蓄电池指示灯 红	快速闪烁	蓄电池放空,低压关断报警
		闪烁	蓄电池电压值位于低电压监测点以下
3	蓄电池指示灯 黄	常亮	蓄电池电压偏低,容量<50%
		闪烁	蓄电池电压值未达到低电压监测点
4	蓄电池指示灯 绿1	常亮	电池状态良好,容量>50%
5	蓄电池指示灯 绿2	常亮	蓄电池状态良好,容量>80%
		快速闪烁	蓄电池充满,充电状态正常

5.1.2.3 蓄电池

蓄电池用于储蓄电能,可保证在无太阳能充电时,继续维持自动站系统的正常工作。12V100AH 蓄电池,可在无太阳能直接供电的情况下,维持自动站正常运行两周。

注意：电源控制器必须先接蓄电池,才能正常工作。

蓄电池电压不能低于 9V,否则控制器会进入低压保护状态;低于 9V 时,即便太阳能电池板的输出达到充电标准,控制器也不会为蓄电池充电。

5.1.3 华云系列站设备调试

华云系列站设备调试使用采集器串口通信电缆进行连接,调试软件通常采用华云尚通本地维护软件进行,该软件具备自动搜索设备型号的功能,在硬件设备与所设置的串口正确连接的前提下可实现设备型号的自动检测。

5.1.3.1 串口设置

在程序主界面点击菜单栏"串口设置"会显示出当前使用的串口,选择手动设置,出现串口设置界面:

串口项提供 COM1 到 COM20 共 20 个串口可选;波特率提供 4800、9600 两项可选;其他项不提供参数选择。设置后点击确定,此时串口设置菜单的子项前面都没有选中,菜单中的自动检测功能不可用,重新将串口设置为可用串口即可。

调试时需确保正确设置串口参数,否则用户在选择四要素或者通信服务器设备时会出现错误提示信息。

5.1.3.2 自动检测

确定硬件设备与所设置的串口已经正确连接,选择菜单上的自动检测,程序将自动检测设备的型号,并根据型号区分设备的版本类型,使对应于设备的菜单可用(图 5.7)。

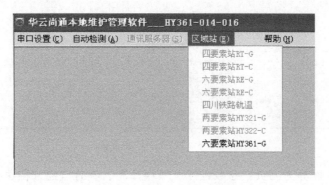

图 5.7 显示设备对应菜单

当串口线与设备未正确连接、设备未打开、设备有问题时,自动检测"自动气象站"将无内容。

5.1.3.3 通信服务器

通信服务器包括：通信服务器-G、通信服务器-C、通信服务器 HY814、存储型通信服务器 HY821-G、存储型通信服务器 HY822-C、存储型通信服务器 HY824。

5.1.3.4 调试应用实例

自动气象站包括：四要素站 RT-G、四要素站 RT-C、四要素站 RT-C\六要素站 RE-G、六要素站 RE-C、四川铁路轨温、两要素站 HY321-G、两要素站 HY324、两要素站 HY322-C、六要素站 HY361-G。

下面以六要素站 HY361-G 为例。

主界面打开时自动获取设备信息，状态说明显示"正在获取硬件数据信息，请稍等……"，该状态下，界面"设置""获取"按钮不可用。初始化完毕，状态说明显示"获取硬件参数完毕！"。即可进行设置操作（图 5.8）。

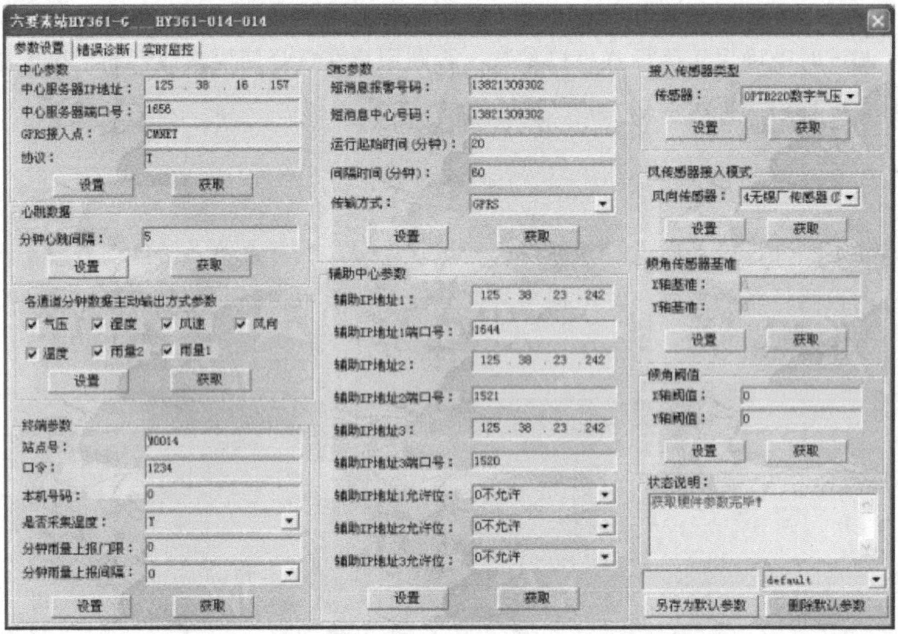

图 5.8 HY361-G 主界面

设备主界面分为三页：参数设置、错误诊断、实时监控（特殊服务器没有实时监控）。

（1）参数设置

用户可以向设备分别"设置""获取"包括中心参数、SMS 参数、终端参数、报警级别参数、心跳间隔参数等五个参数。

① 用户向设备"设置"参数成功后在"状态说明"窗口显示"××参数设置成功"。用户向设备发送"获取"指令后，当前界面参数显示清空，在参数获取成功后，提取上来的参数更新在界面显示，同时在"状态说明"窗口显示"××参数获取成功"。

② 当向串口发送"设置""获取"参数设备10s内没有回应，系统蜂鸣器响一声，同时程序在"状态说明"窗口显示"操作失败！请检查设备电源是否打开，串口是否被占用！"。

③ 用户还可以把界面当前录入的信息"另存为默认参数"，在使用的时候直接使用"恢复默认参数"来把界面信息恢复为默认参数信息。要特别注意，使用"恢复默认参数"只是把界面显示的信息恢复为已经存储过的默认参数，并没有实际设置到硬件设备上，仍需要通过"设置"按钮将其设置到实际的硬件设备中。

（2）错误诊断

在正常的运行工作条件下，软件通过错误诊断界面按钮完成基本测试命令的发送与分析，用以检测各采集器系统的运行状态，如图5.9所示。

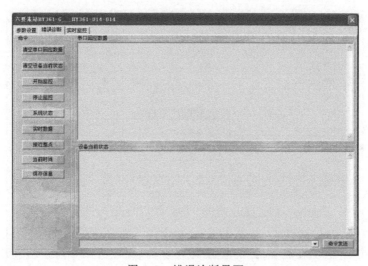

图5.9 错误诊断界面

① 清空串口回应数据命令是"串口回应数据"窗口清空。

② 清空设备当前状态命令是"设备当前状态"窗口清空。

③ 开始监控命令是向设备发送"SETDEBUG51!"命令，打开设备的回显功能，程序分析接收到的字符显示在"设备当前状态"窗口，在"串口回应数据"中显示收到设备回应的"DEBUG ON!"，如图5.10所示。

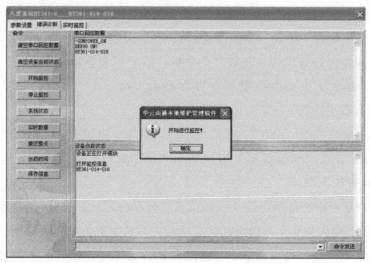

图 5.10　开始监控界面

④ 停止监控命令是向设备发送"SETDEBUG50!",关闭设备的回显。可以收到设备回应的"DEBUG OFF!"字符串,显示在"串口回应数据"窗口,如图 5.11 所示。

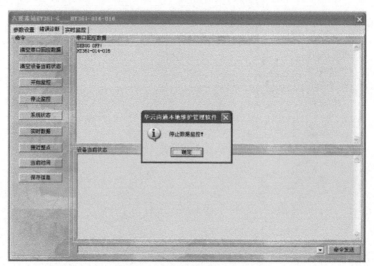

图 5.11　停止监控界面

⑤ 系统状态命令是向设备发送"GETDEBUG0!",分析设备回应的状态字符串把系统当前状态显示在"设备当前状态"框中。主要包括:设备当前时间、设备状态、GPRS 呼叫标志、GPRS 呼叫失败次数、TCP 连接失败次数、数据标志、数据发送状态、当前发送数据序号、等待中心确认终端的持续时间、数据区起始指针、数据区结束指针、数据区数据个数等信息,如图 5.12 所示。

图 5.12 系统状态界面

⑥ 实时数据命令是向设备发送"GETDEBUG10!",分析设备回应的实时数据字符串把实时数据显示在"设备当前状态"框中。实时数据包括温度、电阻、雨量、风向、风速等,如图 5.13 所示。

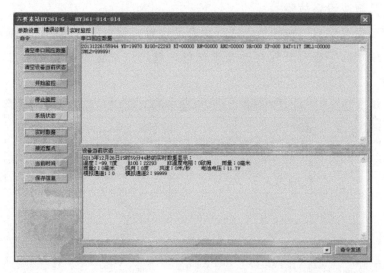

图 5.13 实时数据界面

⑦ 当前时间命令是向设备发送当前"SETTIME ××!",如图 5.14 所示。

⑧ 保存信息命令是把"串口回应数据"和"设备当前状态"显示的信息存成文件。

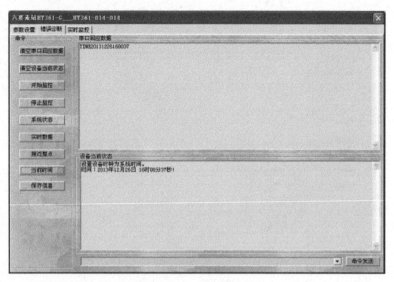

图 5.14 当前时间

用户或者安装人员在现场进行设备故障诊断时，可能当时不能判断出设备的具体故障情况，这时可以把设备当前的输出信息直接保存为文本文件，通过邮件或者传真把文件发送给中心的工作人员，工作人员分析文本文件可以协助用户或者安装人员解决设备故障。

使用"保存信息"按钮后，选择保存的位置，就可以直接保存当前显示的信息。直接使用写字板打开保存的文本文件，就可以浏览设备输出信息了，如图 5.15 所示。

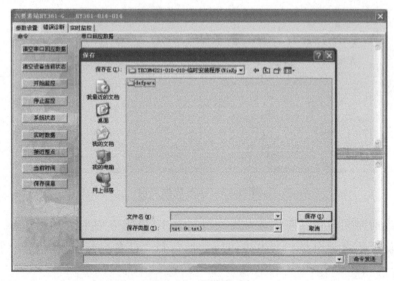

图 5.15 保存信息

5.2 长春DYYZ-Ⅱ型自动气象站

长春气象仪器厂研发的长春DYYZ-Ⅱ型自动气象站是国内较早投入使用的非智能自动气象站,是综合气象观测有线遥测设备,该设备的研发对我国地面气象观测有着重要的意义,现阶段综合地面气象观测已进入全自动化时代,该套气象站已逐步升级为可无线遥测的应用气象站。

该套自动气象观测站可对地面气象多种要素(气压、气温、相对湿度、风向、风速、雨量、草温、雪温、地温)进行定时自动采集、计算、处理、显示、存储、通信和打印,为国内发展地面气象观测自动化奠定了基础。设备由多支传感器、数据采集器、设备终端、供电系统组成。

DYYZ-Ⅱ型自动气象站共有15支传感器,其中14支传感器安装在室外观测场。14支传感器分别由各自专用信号电缆(2根)接入外转接(见图5.16)。气温、草温/雪温、地温传感器信号通过电子开关选通与湿度信号经模拟信号电缆接入数据采集器。风向、风速、雨量传感器信号经转接盒汇接后,经数字信号电缆接入数据采集器。

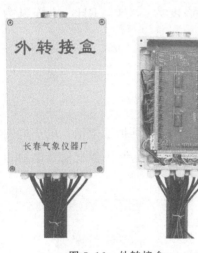

图 5.16 外转接盒

5.2.1 技术指标

(1) 技术要求 (表5.3)

有线遥测距离:≤150m,交流电源:180~240V,50Hz±2Hz,数据采集器功率:≤5W,绝缘电阻:>100MΩ,通信波特率:4800bit,时钟走时精度:月累计误差≤30s,可靠性:MTBF(Q1)≥2500h,仪器维修时间:MTTR≤1h。

表 5.3　DYYZ-Ⅱ型自动气象站技术指标

名称	测量范围	准确度	分辨力	备注
气压/hPa	500～1100	±0.3	0.1	
温度/℃	－50～50	±0.2	0.1	
湿度/%RH	0～100	±5	1	
风向/(°)	0～360	±5	3	起动风速:≤0.5m/s
风速/(m/s)	0～60	±(0.5+0.03V)	0.1	起动风速:≤0.5m/s
降水量	0～4mm/min(雨强)	±0.4mm/min	0.1mm/min	灵敏阈:0.2mm/min
草温(雪温)/℃	－50～80	±0.3	0.1	
地温/℃	－50～80	±0.5	0.1	

(2) 工作环境要求

① 室内部分：温度范围为 0～40℃，湿度为≤95%RH。

② 室外部分：温度范围为－50～50℃，湿度为≤100%RH，抗阵风为 75m/s。

5.2.2　供电系统

供电系统由 1 只 13.8V、3A 充电器，1 块 38AH 免维护蓄电池，电压电流表，报警电路板和 1000VA UPS 电源主机，4 块 65AH 免维护蓄电池及电池柜组成（如图 5.17 所示）。

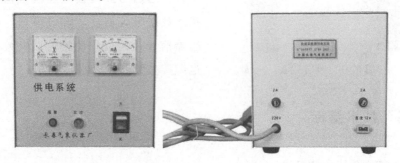

图 5.17　供电系统

5.2.3　通信系统

DYYZ-Ⅱ型自动气象设备使用的是宏电 H7118 GPRS DTU（如图 5.18 所

示),H7118 GPRS DDN 数据终端内置有相应的设置、管理与调试工具,其中的 GPRS Terminal Tools 主要用于 H7118 系列的 GPRS 数据终端管理,便于用户使用 H7118 系列前配置相关参数和在调试过程中灵活地改变相关参数以及软件升级和简单的测试。设备连接如图 5.18 所示。

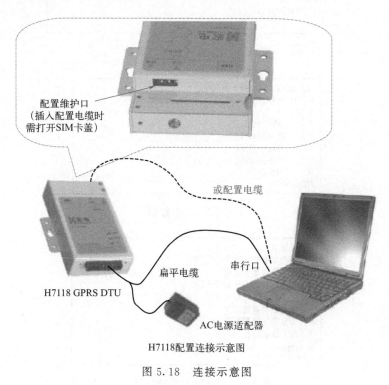

图 5.18 连接示意图

5.2.4 设备调试

长春 DYYZ-Ⅱ型站采用 GPRS Terminal Tools 进行调试,进入软件后,可以设置和管理 H7118 系列终端的参数,通信参数设置为:波特率 57600、数据位 8、校验位无、停止位 1、流控制无。启动 PC 的超级终端软件,按住 PC 键盘的空格键(SPACE),打开配置终端盒电源启动 H7118 GPRS 数据终端,直到 PC 机的超级终端屏幕上显示界面如图 5.19 所示。

键入 "H" 或 "?" 可显示当前菜单,参数输入时,键入 ESC 放弃,键入 ENTER 确认。H7118 GPRS 终端正常工作时,出现界面如图 5.20 所示。

① 在主菜单状态下键入 C 进入 DTU 配置列表,进入 DTU 配置的密码,请输入正确密码(初始密码为 123456),回车进入界面如图 5.21 所示。

```
***************************************************
* H7000 DTU 管理工具(2.6.0 C)
* 硬件平台: HW3.0M
* Copyright (C) 2003-2008 Hongdian Inc. 版权所有.
* DTU系列号：
***************************************************
帮助请按'H' or '?'
显示配置参数请按'D'
HDOS>
```

图 5.19 超级终端屏幕界面

```
H7000 DTU 管理工具(V2.6.0 C)
DTU系列号：
主菜单：
C      DTU 配置(C)
T      模块测试(T)
F      高级功能(F)
V      版本信息(V)
R      复位(R)
HDOS>
```

图 5.20 工作界面

```
DTU配置列表：
1   移动服务中心设置(MSC)
2   数据终端单元设置
3   数据服务中心设置(DSC)
4   用户串口设置
5   特殊选项设置
6   DTU配置密码设置
7   出厂默认设置
R   返回
```

图 5.21 DTU 配置列表界面

② 按数字键设置好相应参数，设置成功后，插入 SIM 卡，接上天线可进入模块测试功能。在主菜单（Main Menu）状态下键入 T，然后进入界面如图 5.22 所示。

```
HDOS>  T
测试列表：
1   当地场强
2   激活模块
3   查找模块
4   AT指令交互
R   返回
```

图 5.22 测试功能界面

在"测试列表"菜单状态下键入 1，按 ESC 返回，显示界面如图 5.23 所示。射频信号为"0~31，00"时为正常，但只有"8~31，00"时可以进行通

```
HDOS >1.
RF Signal Value.
+CSQ: 26, 00.
```

图 5.23　当地场强界面

信。当信号为"99，99"时表示无信号。射频信号强度分为 32 个等级（0～31），31 级为信号最强，为了保证系统稳定工作，信号强度建议在 10 级以上。如果达不到要求，建议使用高增益天线或采取其他措施增强信号强度。

在"测试列表"菜单状态下键入 2，测试界面如图 5.24 所示。

```
HDOS >2.
Activating GPRS Mode, Please waiting...
OK.
HDOS >.
```

图 5.24　激活模块界面

如果返回 OK 表示激活成功，如果返回 ERROR 表示激活失败，如果不返回信息，可认为执行失败。

在"测试列表"菜单状态下键入 3，测试界面如图 5.25 所示。

```
HDOS >3.
Searching GPRS Module, Please waiting....
Find GPRS Module!!.
```

图 5.25　查找模块界面

返回值"Find GPRS Module!!"表示找到 GPRS 模块，"Can't find GPRS Module!!!"表示未找到 GPRS 模块。

上述测试通过即可表示设备安装成功。

5.3　终端操作命令

终端操作命令为主采集器和终端机之间进行通信的命令，以实现对主采集器各种参数的传递和设置，从主采集器读取各种数据和下载各种文件。

格式一般说明：

（1）各种终端命令由命令符和相应参数组成，命令符由若干英文字母组成，参数可以没有，或由一个或多个组成，命令符与参数、参数与参数之间用1个半角空格分隔；

（2）监控操作命令分一级和二级，若为二级命令时，一级与二级命令之间用半角空格分隔；

（3）在监控操作命令中，若命令符后不跟参数，则为读取数据采集器中相应参数据；

（4）命令符后加"/?"可获得命令的使用格式；

（5）在计算机超级终端中，键入控制命令后，应键入回车/换行键，本格式中用"↙"表示；

（6）返回值的结束符均为回车/换行；

（7）命令非法时，返回出错提示信息"BAD COMMAND."；

（8）本格式中返回值用"<>"给出；

（9）若无特殊说明，本部分中使用 YYYY-MM-DD HH：MM 表示日期、时间格式。

5.3.1 HY3000型数据采集器通信服务器参数配置命令

通信服务器安装完毕后，应该按照当地的网络要求及整体设计配置参数，只有正确配置参数后，才能够保证数据的正常上报和接收。

通信服务器参数命令关键字分别为：COMM00，COMM01，COMM02，STATIC，CMD00，CMD01，CMD02，CMD03，…，CMD09，CONNECTMODE。

参数配置可以利用串口工具软件来进行，串口默认设置为波特率9600，校验位无，数据位8，停止位1。下面分别介绍。

（1）COMM00 命令

COMM00用于设置GPRS相关参数，表5.4是出厂时的参数值，共包括四个参数项，每个参数项位数不足时，前补空格。

表 5.4 COMM00 命令格式与出厂参数

参数名称	参数出厂值	位数
IP 地址	255.255.255.255	15
端口号	1500	6

续表

参数名称	参数出厂值	位数
接入点	CMNET	15
协议	T	1

设置参数命令：SETCOMM00＋IP 地址＋端口号＋接入点＋协议＋！

设置参数命令响应：SETCOMM00OK！

获取参数命令：GETCOMM00！

获取参数命令响应：GETCOMM00＋IP 地址＋端口号＋接入点＋协议＋！

参数项说明：

① IP 地址：中心服务器的 IP 地址，省数据中心为 218.7.16.120。

② 端口号：中心服务器端口号，自动气象站为 3006，国家地面天气站为 3001。

③ 接入点：GPRS 接入点，如果是公网接入，设置为 CMNET，如果采用当地的专用网，需要按照当地提供的接入点重新设置。

④ 协议：目前只支持 TCP 协议，因此此参数只能设置为 T。

(2) COMM01 命令

COMM01 用于设置 SMS 相关参数，表 5.5 是出厂时的参数值，共包括五个参数项，其中运行起始时间和间隔时间如果位数不足，前补零，其他参数项位数不足时，前补空格。

表 5.5　COMM01 命令格式与出厂参数

参数名称	参数出厂值	位数
报警电话	13821309302	15
短信中心	13911599356	15
运行起始时间	0020	4
间隔时间	0060	4
传输方式	0	1

设置参数命令：SETCOMM01＋报警电话＋短信中心＋运行起始时间＋间隔时间＋传输方式＋！

设置参数命令响应：SETCOMM01OK！

获取参数命令：GETCOMM01！

获取参数命令响应：GETCOMM01＋报警电话＋短信中心＋运行起始时间＋间隔时间＋传输方式＋！

参数项说明：

① 报警电话：如果当前的通信方式为只采用短信方式，或者处于 GPRS 为主，短信为辅的短信方式时，出现的雨量报警，温度报警，大风报警及低电压报警将发送到这个电话上。

② 短信中心：如果当前的通信方式为只采用短信方式，或者处于 GPRS 为主，短信为辅的短信方式时，小时气象数据以及出现的雨量报警，温度报警，大风报警，低电压报警都将发送到这个电话上。

③ 运行起始时间：这个参数只在 GPRS 为主，短信为辅的通信方式时起作用。此参数与后面的间隔时间配合使用，同时要小于后面的间隔时间，参数的意义在于当当地的 GPRS 网络不好的时候，将通信方式切换为短信方式的起始时间。

④ 间隔时间：这个参数只在 GPRS 为主，短信为辅的通信方式时起作用。此参数要大于前面的运行起始时间，配合运行起始时间决定切换短信的时间。目前一般设置为 60min，即每间隔一小时查询一次网络运行状态。

⑤ 传输方式：传输方式只有 GPRS 的传输方式，固定为 0。

(3) COMM02 命令

COMM02 用于设置本地串口波特率，以适应不同采集器串口。表 5.6 是出厂时的参数值，包括两个参数项，其中波特率如果位数不足，前补 0。

表 5.6　COMM02 命令格式与出厂参数

参数名称	参数出厂值	位数
波特率	004800	6
设置值	N81	3

设置参数命令：SETCOMM02＋波特率＋设置值＋！

设置参数命令响应：SETCOMM02OK！

获取参数命令：GETCOMM02！

获取参数命令响应：GETCOMM02＋波特率＋设置值＋！

参数项说明：

① 波特率：目前支持的可设置波特率为 4800、9600、14400、19200、

28800、38400、57600、115200。但基本上只使用4800和9600两个波特率级别。

② 设置值：设置值中最高位是校验位，可接受的设置值为 N（无校验）、O（奇校验）、E（偶校验），第二位是数据位，可接受的设置值为 6、7、8，第三位是停止位，可接受的设置值为 1 或 2。

(4) COMM03 命令

COMM03 用于设置发送心跳数据的时间间隔。表 5.7 是出厂时的参数值，包括两个参数项，其中分钟心跳间隔如果位数不足，前补 0。

表 5.7 COMM03 命令格式与出厂参数

参数名称	参数出厂值	位数
通道模式	0	1
分钟心跳间隔	05	2

设置心跳间隔命令：SETCOMM03＋当前通道模式＋分钟心跳间隔（两位）＋！

设置参数命令响应：SETCOMM03OK！

获取参数命令：GETCOMM03！

获取参数命令响应：GETCOMM03＋通道模式＋分钟心跳间隔（两位）＋！

参数项说明：

① 通道模式：当通信服务器进入纯通道模式时，此值为 1，否则，此值为 0。此值在获取时有效，并且不能设置。

② 分钟心跳间隔：此项参数用来设置通信服务器与中心没有数据交互后发送心跳数据的时间间隔。

设置心跳间隔为 3min 示例：SETCOMM03003！

表示每次与中心没有数据交互后 3min 会发送心跳数据。

(5) COMM04 命令

COMM04 用于设置辅助中心参数，共包括 9 个参数项（表 5.8），其中 IP 地址和端口号如果位数不足，前补空格。

表 5.8 COMM04 命令格式与出厂参数

参数名称	参数出厂值	位数
辅助 IP 地址 1	255.255.255.255	15

续表

参数名称	参数出厂值	位数
辅助 IP 地址 1 端口号	1500	6
辅助 IP 地址 2	255.255.255.255	15
辅助 IP 地址 2 端口号	1500	6
辅助 IP 地址 3	255.255.255.255	15
辅助 IP 地址 3 端口号	1500	6
辅助 IP 地址 1 允许位	0	1
辅助 IP 地址 2 允许位	0	1
辅助 IP 地址 3 允许位	0	1

设置参数命令：SETCOMM04＋辅助 IP 地址 1＋辅助 IP 地址 1 端口号＋辅助 IP 地址 2＋辅助 IP 地址 2 端口号＋辅助 IP 地址 3＋辅助 IP 地址 3 端口号＋辅助 IP 地址 1 允许位＋辅助 IP 地址 2 允许位＋辅助 IP 地址 3 允许位！

设置参数命令响应：SETCOMM04OK！

获取参数命令：GETCOMM04！

获取参数命令响应：GETCOMM04＋辅助 IP 地址 1＋辅助 IP 地址 1 端口号＋辅助 IP 地址 2＋辅助 IP 地址 2 端口号＋辅助 IP 地址 3＋辅助 IP 地址 3 端口号＋辅助 IP 地址 1 允许位＋辅助 IP 地址 2 允许位＋辅助 IP 地址 3 允许位！

参数项说明：

辅助 IP 地址 1：如果辅助 IP 地址 1 允许位置 1（辅助中心 1 有效），则设备会将小时数据向该中心上报，此参数项即为该中心的 IP 地址。

辅助 IP 地址 1 端口号：如果辅助 IP 地址 1 允许位置 1（辅助中心 1 有效），则设备会将小时数据向该中心上报，此参数项即为该中心的 IP 地址端口号。

辅助 IP 地址 2：如果辅助 IP 地址 2 允许位置 1（辅助中心 2 有效），则设备会将小时数据向该中心上报，此参数项即为该中心的 IP 地址。

辅助 IP 地址 2 端口号：如果辅助 IP 地址 2 允许位置 1（辅助中心 2 有效），则设备会将小时数据向该中心上报，此参数项即为该中心的 IP 地址端口号。

辅助 IP 地址 3：如果辅助 IP 地址 3 允许位置 1（辅助中心 3 有效），则设备会将小时数据向该中心上报，此参数项即为该中心的 IP 地址。

辅助 IP 地址 3 端口号：如果辅助 IP 地址 3 允许位置 1（辅助中心 3 有效），则设备会将小时数据向该中心上报，此参数项即为该中心的 IP 地址端口号。

辅助 IP 地址 1 允许位：如果该参数置 1（辅助中心 1 有效），则设备会将小时数据向该中心上报，置 0 则不上报。

辅助 IP 地址 2 允许位：如果该参数置 1（辅助中心 2 有效），则设备会将小时数据向该中心上报，置 0 则不上报。

辅助 IP 地址 3 允许位：如果该参数置 1（辅助中心 3 有效），则设备会将小时数据向该中心上报，置 0 则不上报。

(6) COMM05 命令

COMM05 关键字，用于设置 CDMA 网络下 TCPIP 的鉴权用户识别号和鉴权密码。具体说明如下：

COMM05 用于设置 CDMA 网络下的 TCPIP 协议鉴权信息。表 5.9 是出厂时的参数值，包括两个参数项，位数不足，前补空格。

表 5.9　COMM05 命令格式与出厂参数

参数名称	参数出厂值	位数
鉴权用户识别号	card	15
鉴权密码	card	15

设置参数命令：SETCOMM05＋鉴权用户识别号（15 位）＋鉴权密码（15 位）＋！

设置参数命令响应：SETCOMM05OK！

获取参数命令：GETCOMM05！

获取参数命令响应：GETCOMM05＋鉴权用户识别号（15 位）＋鉴权密码（15 位）＋！

参数项说明：

① 鉴权用户识别号：只有 CDMA 网络需要使用此项参数，在 CDMA 设备进行 TCPIP 连接时需要设置此参数以识别登录用户，设备出厂默认参数为 card，若利用公网进行数据连接，不需要更改此参数。

② 鉴权密码：只有 CDMA 网络需要使用此项参数，在 CDMA 设备进行 TCPIP 连接时需要设置此项参数以识别登录用户的密码，设备出厂默认参数为 card，若利用公网进行数据连接，不需要更改此参数。

(7) COMM06 命令

COMM06 用于设置连接远程升级服务器的通信参数，共包括 3 个参数项，其中 IP 地址和端口号如果位数不足，前补空格（表 5.10）。

表 5.10　COMM06 命令格式与出厂参数

参数名称	参数出厂值	位数
远程升级服务器 IP 地址	123.56.133.68	15
远程升级服务器端口号	6000	6
远程升级连接允许位	0	1

设置参数命令：SETCOMM06＋远程升级服务器 IP 地址＋远程升级服务器端口号＋远程升级连接允许位！

设置参数命令响应：SETCOMM06OK！

获取参数命令：GETCOMM06！

获取参数命令响应：GETCOMM06＋远程升级服务器 IP 地址＋远程升级服务器端口号＋远程升级连接允许位！

参数项说明：

远程升级服务器 IP 地址：如果远程升级连接允许位置 1，则设备会连接此服务器，并允许进行程序远程升级，此参数项即为该服务器的 IP 地址。

远程升级服务器端口号：如果远程升级连接允许位置 1，则设备会连接此服务器，并允许进行程序远程升级，此参数项即为该服务器的 IP 地址的端口号。

远程升级连接允许位：如果该参数置 1（远程程序升级 1 有效），则设备会连接此服务器，并允许进行程序远程升级，置 0 则不连接服务器以降低功耗和资费。

注意：此参数默认是关闭不连接状态，以降低功耗和资费。当有远程升级需求时，可通过串口、短信以及主 IP 设置此参数后，设备会自动进行服务器连接。当远程升级完毕，或者 24 小时无任何动作时，此参数会自动恢复默认参数。

（8）NETMODE 命令

NETMODE 关键字，用于设置设备使用的运营商和网络制式。表 5.11 是出厂时的参数值，包括两个参数项。

表 5.11　NETMODE 命令格式与出厂参数

参数名称	参数出厂值	位数
空格		1
运营商	1	1
空格		1
网络制式	0	1

设置参数命令：SETNETMODE＋运营商＋网络制式＋！

设置参数命令响应：SETNETMODEOK！

获取参数命令：GETNETMODE！

获取参数命令响应：GETNETMODE＋运营商＋网络制式＋！

参数项说明：

① 运营商：1：移动　　2：联通　　3：电信

② 网络制式：

0：自动适应 2G/3G/4G（建议使用此选项）

2：强制 2G 网　　3：强制 3G 网　　4：强制 4G 网

由于电信卡短信使用的通信制式为 CDMA，在强制 4G 下无法接收到 CDMA 制式下的短信。因此，当使用电信卡时，强制 4G 模式不会设置成功，如确实需要使用 4G 信道，请使用自动适应方式。

由于 CDMA 制式和 GSM 制式的英文短信标准一致，但是中文短信标准不一致。因此错误的设置运营商有可能会影响中文短信的正常收发。例如，实际使用的为"电信卡"，但是模式设置的为"移动自动"的情况。目前除了安徽模式以外，没有中文短信的应用，因此在安徽模式下，SIM 的类型与运营商类型必须设置一致。其他没有中文短信应用的模式，也建议设置和实际 SIM 能够一一对应。

注意：此参数的更改涉及部分通信参数的变化，更改此参数会导致设备会自动重启。

（9）CONNECTMODE 命令

CONNECTMODE 是设置通信服务器的接入方式的命令字。表 5.12 是出厂时的参数值，包括 1 个参数项。

表 5.12　CONNECTMODE 命令格式与出厂参数

参数名称	参数出厂值	位数
CONNECTMODE		11
接入方式	1	1

CONNECTMODE 是设置通信服务器的接入方式的命令字。

设置参数命令：SETCONNECTMODE＋接入方式＋！

设置参数命令响应：GETCONNECTMODE＋接入方式＋！

获取参数命令：GETCONNECTMODE！

获取参数命令响应：GETCONNECTMODE＋接入方式＋！

参数项说明：

接入方式：此项参数用来设置采集器或智能传感器的接入方式。

① 通过通信串口接入 DATATAKER50 采集器；

② 接入 VAISALA201 传感器；

③ 接入安徽能见度采集器；

④ 接入安徽气压六要素采集器；

⑤ 接入新型自动站主采集器并以六要素模式工作；

⑥ 接入新型自动站主采集器并以全要素模式工作；

⑦ 接入 UCB 分钟保全模式的 HY3000 采集器，此模式下会每分钟向采集器发送 UCB（FIRST）命令获取 HY3000 的数据，此时 HY3000 将根据未上报数据的情况向通信服务器发送分钟及小时数据。UCB（FIRST）命令返回数据的原则为小时数据优先，距离当前时间近的数据优先，分钟和小时数据均以当前时间点向前追溯 24 小时。

⑧ 接入 QML201 新机制，此模式下会按照加密间隔自动获取采集器的分钟数据和小时数据，并有确认、重发机制。相比方式 2 数据完整性有大幅度提高。

（10）STATIC 命令

STATIC 用于设置与站点相关的参数，表 5.13 列举了出厂时的参数值，共包括三个参数项，其中站点号和口令位数不足时，前补空格。

表 5.13　STATIC 命令格式与出厂参数

参数名称	参数出厂值	位数
站点号	同设备编号（五位）	8
口令	cd99	6
是否报警	N	1
报警清除命令		位数不定

设置参数命令：SETSTATIC＋站点号＋口令＋是否报警＋报警清除命令＋！

设置参数命令响应：SETSTATICOK！

获取参数命令：GETSTATIC！

获取参数命令响应：GETSTATIC＋站点号＋口令＋是否报警＋报警清除命令＋！

参数项说明：

① 站点号：是本站标识，每个站点都应该不同，根据当地具体情况重新设置。

② 口令：应设置为与所连接采集器相对应的采集器口令。

③ 是否报警：目前没有启用这项参数，设置为 N。

④ 报警清除命令：应是一不定长字符串，目前未启用，设置为空。

(11) CMD 命令

CMD00 至 CMD09 是设置与采集器交互命令的命令列表（表 5.14），命令内容的长度可变，运行起始时间和间隔时间位数不足时前补 0，结束符位数不足时，前补空格。

表 5.14 CMD 命令格式与出厂参数

参数名称	参数出厂值	位数
CMD00		
命令内容	D T 回车换行	位数不定
是否执行该命令	Y	1
运行起始时间	0001	4
间隔时间	0060	4
是否本地处理返回数据	Y	1
结束符	回车换行	2
CMD01		
命令内容	U 回车换行	位数不定
是否执行该命令	Y	1
运行起始时间	0003	4
间隔时间	0060	4
是否本地处理返回数据	N	1
结束符	*	2
CMD02		
命令内容	CLAST 回车换行	位数不定
是否执行该命令	Y	1
运行起始时间	0003	4
间隔时间	0060	4

续表

参数名称	参数出厂值	位数
是否本地处理返回数据	Y	1
结束符	@	2
CMD03～CMD09		
命令内容	@	位数不定

注：由于 CMD03～CMD09 为预留命令列表，目前均不使用，所以命令内容以@表示，其他参数项均不予设置。

设置参数命令：SETCMD0X＋命令内容＋是否执行该命令＋运行起始时间＋间隔时间＋是否本地处理返回数据＋结束符＋！

设置参数命令响应：SETCMD0X！

获取参数命令：GETCMD0X！

获取参数命令响应：GETCMD0X＋命令内容＋是否执行该命令＋运行起始时间＋间隔时间＋是否本地处理返回数据＋结束符＋！

参数项说明：

① 命令内容：与采集器交互的命令内容，根据不同的采集器命令内容可能不同，长度可变。

② 是否执行该命令：可接受的设置值为 N 和 Y，如果设置为 N 则表示扫描命令列表时不考虑此命令。

③ 运行起始时间：此参数与后面的间隔时间配合使用，并小于等于间隔时间，表示每次从间隔时间开始再经过起始时间的分钟数才可以执行当前命令。

④ 间隔时间：此参数应大于运行起始时间，间隔时间表示每次执行命令的间隔分钟数。

⑤ 是否本地处理返回数据：可接受的设置值为 N 和 Y，N 表示需要连接中心服务器的远程命令，Y 表示本地处理的命令。

⑥ 结束符：当前命令响应的结束符，根据采集器的不同命令结束符的内容也不相同，如果当前命令没有结束符，以@表示。

（12）DEVDEBUGINFO 命令

使用 DEVDEBUGINFO 命令获取设备的状态信息（表 5.15），包括加密间隔、信号强度、误码率、主动断线重连次数、被动掉线重连次数、关闭模块次数、模块状态。

表 5.15 设备状态信息

参数名称	内容举例	备注
时间	20171123154516	14 位
加密间隔	10	主 IP 的加密间隔,单位:分
信号强度	15	无线模块的信号强度
误码率	99	无线模块的误码
主动断线重连次数	1	本小时内与主 IP 通信时主动断线次数
被动掉线重连次数	0	本小时内与主 IP 通信时被动断线次数
关闭模块次数	2	本小时内关闭模块次数
模块状态	1	正常开启(1)或强制关闭(2)
网络制式	1	见表 5.16
网络运营商	46001	见表 5.17

获取参数命令：GETDEVDEBUGINFO!

获取参数命令响应：GETDEVDEBUGINFO 时间 加密间隔 信号强度 误码率 主动断线重连次数 被动掉线重连次数 关闭模块次数 模块状态＋!

表 5.16 网络制式代码对照表

网络名称	对应代号
NONE	0
CDMA1X	1
CDMA1X AND HDR	2
CDMA1X AND EHRPD	3
HDR	4
HDR-EHRPD	5
GSM	6
GPRS	7
EDGE	8
WCDMA	9
HSDPA	10
HSUDP	11
HSPA＋	12
TDSCDMA	13

续表

网络名称	对应代号
TDD LTE	14
FDD LTE	15
其他	5000
缺失	99999

表 5.17 网络运营商代码对照表

网络名称	对应代号
移动	46000
联通	46001
电信(2G/3G)	46003
电信(4G)	46011

(13) DEBUGINFOTIME 命令

使用 DEBUGINFOTIME 命令设置或获取通信串口状态信息的发送间隔（表 5.18）。

表 5.18 DEBUGINFOTIME 参数出厂值

参数名称	参数出厂值	位数
时间	00	2

设置参数命令：SETDEBUGINFOTIME＋时间＋！

设置参数命令响应：成功：SETDEBUGINFOTIMEOK！

　　　　　　　　　失败：SETDEBUGINFOTIMEERROR！

获取参数命令：GETDEBUGINFOTIME！

获取参数命令响应：GETDEBUGINFOTIME＋时间＋！

参数说明：

时间：只能设置成 0 或 1，当设置为 0 时，通信串口不主动发送状态信息，当设置成 1 时，通信串口每分钟发送状态信息。

(14) 本地透传命令

由于新通信服务器重新设计了硬件结构，分离了调试串口和通信串口，可以分别独立地进行数据通信、调试通信。为了便于对 DT 或 TECOM1270 站调试，添加了本地透传命令。

命令格式：＊＋透传内容

示例：向 DATATAKER 发送 D T 命令

在调试串口发送以下命令：＊D T ↵

5.3.2　HY3000 型数据采集器常用命令

（1）获取秒实时数据 GETSECDATA！

命令内容：GETSECDATA！

返回值：返回当前秒数据，数据格式参照配置工程。

（2）获取带数据头的小时实时数据 GETAAHDATA！

命令内容：GETAAHDATA！

返回值：AAHD＋空格＋当前小时数据，数据格式参照配置工程。

（3）获取带数据头的小时历史数据 GETAAHDATA

命令内容：GETAAHDATA＋起始日期时间（年月日时）＋结束日期时间（年月日时）！

返回值：依次返回从起始日期时间至结束日期时间的带小时数据头的小时数据，起始时间距离结束时间的间隔不超过 720 小时。

（4）设置系统时间命令

① SETTIME 命令

命令内容：SETTIME＋设置时间（年月日时分秒）！

返回值：TIME＋系统时间（年月日时分秒）！

② D T 命令

设置日期命令内容：D＝MM/DD/YYYY \ r \ n↵

返回值：无。

设置时间命令内容：T＝hh：mm：ss \ r \ n↵

返回值：无。

③ DATETIME 命令

设置日期时间命令内容：DATETIME YYYY-MM-DD hh：mm：ss \ r \ n↵

返回值：正确返回 T，错误返回 F。

设置日期命令内容：DATE YYYY-MM-DD \ r \ n↵

返回值：正确返回 T，错误返回 F。

设置时间命令内容：TIME hh：mm：ss \ r \ n↵

返回值：正确返回 T，错误返回 F。

(5) 获取系统时间命令

① GETTIME！命令

命令内容：GETTIME！

返回值：TIME+系统时间（年月日时分秒）！

举例：TIME20120712094647！

② DT\r\n命令

命令内容：DT\r\n

返回值：DT格式的当前时间。

举例：07/12/2012 09：43：15。

③ DATETIME\r\n命令

获取当前日期时间命令内容：DATETIME\r\n

返回值：二代站格式的当前时间

举例：2012-07-12 09：49：49。

获取当前日期命令内容：DATE\r\n

返回值：二代站格式的当前日期。

举例：2012-07-12。

获取当前时间命令内容：TIME\r\n

返回值：二代站格式的当前时钟。

举例：09：49：49。

(6) 设置或读取观测场海拔高度（ALT）

命令内容：ALT

参数：观测场海拔高度。单位为米（m），取1位小数，当低于海平面时，前面加"—"号。

示例：若所属自动气象站观测场的海拔高度为113.6m，

键入命令为：

  ALT 113.6↙

返回值：＜F＞表示设置失败，＜T＞表示设置成功。

若数据采集器中的观测场海拔高度为—11.4m，

键入命令：

  ALT↙

正确返回值为＜—11.4＞。

(7) 设置或读取气压传感器海拔高度（ALTP）

命令内容：ALTP

参数：气压传感器海拔高度。单位为米（m），取 1 位小数，当低于海平面时，前面加"－"号。

示例：若所属自动气象站的气压传感器海拔高度为 106.3m，

键入命令为：

　　ALTP 106.3↙

返回值：＜F＞表示设置失败，＜T＞表示设置成功。

若数据采集器中的气压传感器海拔高度为－10.2m，

键入命令：

　　ALTP↙

正确返回值为＜－10.2＞。

（8）设置或读取数据采集器的通信参数（SETCOM）

命令内容：SETCOM

参数：波特率、数据位、奇偶校验、停止位。

示例：若数据采集器的波特率为 9600bps，数据位为 8，奇偶校验为无，停止位为 1，若对数据采集器进行设置，

键入命令为：

　　SETCOM 9600 8 N 1↙

返回值：＜F＞表示设置失败，＜T＞表示设置成功。

若为读取数据采集器通信参数。

键入命令：

　　SETCOM↙

正确返回值为＜9600 8 N 1＞。

（9）设置或读取数据采集器的 IP 地址（IP）

命令内容：IP

参数：IPv4 格式地址。

示例：若数据采集器用于网络通信的 IP 为 192.168.20.8，对数据采集器进行设置。

键入命令为：

　　IP 192.168.20.8↙

返回值：＜F＞表示设置失败，＜T＞表示设置成功。

若为读取数据采集器 IP 参数，

键入命令：

  IP✓

正确返回值：＜192.168.20.8＞。

（10）设置或读取地方时差（TD）

命令内容：TD

参数：分钟数。取整数，当经度≥120°为正，＜120°为负。

示例：若所属气象观测站的纬度为116°30′00″，则地方时差为－14min

键入命令为：

  TD－14✓

返回值：＜F＞表示设置失败，＜T＞表示设置成功。

若数据采集器中的地方时差为－35min，

键入命令：

  TD✓

正确返回值：＜－35＞。

（11）获取当前分钟数据（表5.19）

命令内容：GETMINDATA！

返回值：返回当前分钟数据。

表 5.19 分钟数据格式

数据项	内容举例	备注
年月日时分	201005161542	
0.1mm 翻斗分钟累计雨量数据	9	单位为0.1mm
0.1mm 翻斗小时累计雨量数据	20	单位为0.1mm
0.5mm 翻斗分钟累计雨量数据	15	单位为0.1mm
0.5mm 翻斗小时累计雨量数据	20	单位为0.1mm
当前温度	230	最高位为符号位，后面为温度的绝对值，单位为0.1℃
最高温度	235	最高位为符号位，后面为温度的绝对值，单位为0.1℃
最高温度出现时间	15:30	HH:MM 的形式
最低温度	225	最高位为符号位，后面为温度的绝对值，单位为0.1℃
最低温度出现时间	15:12	HH:MM 的形式
电池电压	123	单位为0.1V

（12）获取分钟历史数据

命令内容：GETMINDATA＋起始日期时间（年月日时分）＋结束日期时

间(年月日时分)＋！

返回值：返回当前分钟数据。

(13) 获取小时实时数据（表 5.20）

命令内容：GETHOURDATA！

返回值：返回当前小时数据。

表 5.20 小时数据格式

数据项	内容举例	备注
年月日时分	201005161542	
0.1mm 翻斗小时累计雨量数据	28	小时雨量的累计值,单位 0.1mm
0.5mm 翻斗小时累计雨量数据	55	小时雨量的累计值,单位 0.1mm
当前温度	230	最高位为符号位,后面为温度的绝对值,单位为 0.1℃
最高温度	235	
最高温度出现时间	15:30	HH:MM 的形式
最低温度	225	
最低温度出现时间	15:12	HH:MM 的形式
采集器状态数据标识	CS_2	
电池电压	123	单位为 0.1V
主板温度	215	0.1℃
存储故障次数	2	本小时内出现的存储故障次数
传感器状态	00000010	见表 5.21 的传感器状态说明
加密间隔	10	主 IP 的加密间隔,单位:min
信号强度	15	无线模块的信号强度
误码率	99	无线模块的误码率
主动断线重连次数	1	本小时内与主 IP 通信时主动断线次数
被动断线重连次数	0	本小时内与主 IP 通信时被动断线次数
关闭模块次数	2	本小时内关闭模块次数
模块状态	1	正常开启(1)或强制关闭(2)
网络制式	1	
厂家 ID	43000	

表 5.21 传感器工作状态标识

标识代码值	描述
0	"正常":正常工作

续表

标识代码值	描述
2	"故障或未检测到":无法工作
3	"偏高":采样值偏高
4	"偏低":采样值偏低
5	"超上限":采样值超测量范围上限
6	"超下限":采样值超测量范围下限
9	"没有检查":无法判断当前工作状态
N	"传感器关闭或者没有配置"

（14）获取小时历史数据

命令内容：GETHOURDATA＋起始日期时间（年月日时）＋结束日期时间（年月日时）＋！

返回值：返回当前小时数据。

（15）获取当前采集数据

命令内容：GETDEBUG10！

返回值：返回当前采样实时数据（表5.22）。

表 5.22 采集数据格式

数据项	内容举例	位数（字节）	备注
系统时间	20110415144232	14	当前设备记录的系统时间
当前温度	WD=19970	8	扩大100倍的温度值
R100 阻值	R100=22629	10	
当前电阻值	RT=00070	8	
0.1mm 通道降雨	RN=00005	8	单位为 0.1mm
0.5mm 通道降雨	RN2=00010	9	单位为 0.1mm
电池电压	BAT=152	7	单位为 0.1V
结束符	! \r\n	3	

（16）设置或读取气象观测站的纬度（LAT）

命令内容：LAT

参数：DD.MM.SS（DD 为度，MM 为分，SS 为秒）

示例：若所属气象观测站的纬度为 32°14′20″，

键入命令为：

LAT 32.14.20↙

返回值：<F>表示设置失败，<T>表示设置成功。

若数据采集器中的纬度为 42°06′00″，

键入命令：

  LAT↙

正确返回值为<42.06.00>。

(17) 设置或读取气象观测站的经度（LONG）

命令内容：LONG

参数：DDD.MM.SS（DDD 为度，MM 为分，SS 为秒）

示例：若所属气象观测站的经度为 116°34′18″，

键入命令为：

  LONG 116.34.18↙

返回值：<F>表示设置失败，<T>表示设置成功。

若数据采集器中的纬度为 108°32′03″，

键入命令：

  LAT↙

正确返回值为<108.32.03>。

(18) 读取数据采集器的基本信息（BASEINFO）

命令内容：BASEINFO

参数：生产厂家 型号标识 采集器序列号 软件版本号

返回值格式如下：

  <BASEINFO 4>↙ 表示 BASEINFO 命令有 4 条返回信息

  <mC××××××××>↙ 表示生产厂家编码

  <MODEL×××××××××>↙ 表示采集器型号

  <ID×××××××××>↙ 表示采集器序列号

  <Ver×××××××××>↙ 表示软件版本号

注：↙表示回车（CR），即 chr(13)，下同。

(19) 数据采集器自检（AUTOCHECK）

命令内容：AUTOCHECK

返回成功或检测失败的对象。

(20) 设置或读取数据采集器日期（DATE）

命令内容：DATE

参数：YYYY-MM-DD（YYYY 为年，MM 为月，DD 为日）

示例：若对数据采集器设置的日期为 2006 年 7 月 21 日，
键入命令为：

  DATE 2006-07-21↙

返回值：＜F＞表示设置失败，＜T＞表示设置成功。

若数据采集器的日期为 2007 年 10 月 1 日，读取数据采集器日期，
键入命令：

  DATE↙

正确返回值为＜2007-10-01＞。

(21) 设置或读取数据采集器时间（TIME）

命令内容：TIME

参数：HH：MM：SS（HH 为时，MM 为分，SS 为秒）

示例：若对数据采集器设置的时间为 12 时 34 分 00 秒，
键入命令为：

  TIME 12:34:00↙

返回值：＜F＞表示设置失败，＜T＞表示设置成功。

若数据采集器的时间为 7 时 04 分 36 秒，读取数据采集器时间，
键入命令：

  TIME↙

正确返回值为＜07:04:36＞。

(22) 设置或读取气象观测站的区站号（ID）

命令内容：ID

参数：台站区站号（5 位数字或字母）

示例：若所属气象观测站的区站号为 57494，
键入命令为：

  ID 57494↙

返回值：＜F＞表示设置失败，＜T＞表示设置成功。

若数据采集器中的区站号为 A5890，
键入命令：

  ID↙

正确返回值为＜A5890＞。

(23) 读取数据采集器机箱温度（MACT）

命令内容：MACT

参数：机箱温度。单位为摄氏度（℃），取 1 位小数。

示例：若数据采集器机箱温度为 7.2℃，

键入命令：

  MACT↙

正确返回值为＜7.2＞。

(24) 读取数据采集器电源电压（PSS）

命令内容：PSS

参数：无。返回采集器当前的供电主体和电源电压值。返回格式见表 5.23。

表 5.23 数据采集器电源电压命令返回格式

返回值	描述
AC,♯♯.♯	"AC"表示交流供电；♯♯.♯ 表示 AC/DC 变换后供给数据采集器的电源电压值，单位为伏(V)，取 1 位小数；"AC"与电压值之间用半角逗号分隔。
DC,♯♯.♯	字符串"DC"表示蓄电池供电；♯♯.♯ 表示蓄电池供给数据采集器的电压值，单位为伏(V)，取 1 位小数；"DC"与电压值之间用半角逗号分隔。

示例：若数据采集器为蓄电池供电，其电压值为 12.8V，

键入命令：

  PSS↙

正确返回值为＜DC，12.8＞。

(25) 设置或读取各传感器状态（SENST）

命令内容：SENST ×××

其中，×××为传感器标识符，由 1~3 位字符组成，对应关系见表 5.24。

表 5.24 传感器标识符

序号	传感器名称	传感器标识符(×××)
1	气压	P
2	百叶箱气温	T0
3	湿敏电容	U
4	风向	WD
5	风速	WS
6	降水量(翻斗式或容栅式)	RAT
7	降水量(称重)	RAW

(26) 读取数据采集器实时状态信息（RSTA）

命令内容：RSTA

返回参数：主采集箱门状态 采集器的机箱温度 电源电压 各传感器状态。

(27) 下载分钟常规观测数据（DMGD）

命令内容：DMGD

返回值：见表5.25。

表 5.25　分钟常规观测数据

序号	内容	格式举例	序号	内容	格式举例
1	时间（北京时）	2006-02-28 16：43	17	湿球温度	同气温
2	观测数据索引	共45位	18	相对湿度	23%输出23 100%输出100
3	质量控制标志组	位长为观测数据索引中为1的个数，与各观测数据组相对应	19	水汽压	12.3hPa输出123
4	2min平均风向	36°输出36 123°输出123	20	露点温度	同气温
5	2min平均风速	2.7m/s输出27	21	本站气压	1001.3hPa输出10013
6	10min平均风向	同2min风向	22	草面温度	同气温
7	10min平均风速	同2min风速	23	地表温度	同气温
8	分钟内最大瞬时风速的风向	同2min风向	24	5cm地温	同气温
9	分钟内最大瞬时风速	同2min风速	25	10cm地温	同气温
10	分钟降水量（翻斗式或容栅式，RAT）	0.1mm输出1 1.0mm输出10	26	15cm地温	同气温
11	小时累计降水量（翻斗式或容栅式，RAT）	同上	27	20cm地温	同气温
12	分钟降水量（翻斗式或容栅式气候辅助观测，RAT1）	同上	28	40cm地温	同气温
13	小时累计降水量（翻斗式或容栅式气候辅助观测，RAT1）	同上	29	80cm地温	同气温
14	分钟降水量（称重式）	同上	30	160cm地温	同气温
15	小时累计降水量（称重式）	同上	31	320cm地温	同气温
16	气温	－0.8℃输出－8 171.2℃输出12	32	当前分钟蒸发水位	0.1mm输出1 1.0mm输出10

续表

序号	内容	格式举例	序号	内容	格式举例
33	小时累计蒸发量	同上	41	冻雨	有输出1，无输出0
34	1min平均能见度	100m输出100	42	电线积冰厚度	5mm输出5
35	10min平均能见度	100m输出100	43	冻土深度	2cm输出2
36	云高	100m输出100	44	闪电频次	10次输出10
37	总云量	2成输出2	45	扩展项数据1	用户自定
38	低云量	同总云量	46	扩展项数据2	用户自定
39	现在天气现象编码	每种现象2位	47	扩展项数据3	用户自定
40	积雪深度	1cm输出1	48	扩展项数据4	用户自定

注：①若某记录缺测，相应各要素均至少用一个"/"字符表示；
②降水量是当前时刻的分钟降水量，无降水时存入"0"，微量降水存入"，"；
③当使用湿敏电容测定湿度时，将求出的相对湿度值存入相对湿度数据位置，在湿球温度位置以"＊"作为识别标志；
④现在天气现象编码按WMO有关自动气象站SYNOP天气代码表示，有多种现象时重复编码，最多6种。

（28）下载小时常规观测数据（DHGD）

命令内容：DHGD

下载指定时间的小时整点观测记录数据。观测数据及排列顺序如表5.26所示。

表 5.26 小时常规观测数据

序号	内容	格式举例	序号	内容	格式举例
1	时间(北京时)	2006年2月18日16时输出：2006-02-28 16	5	2min平均风速	2.7m/s输出27
2	观测数据索引	共68位	6	10min平均风向	同2min风向
3	质量控制标志组	位长为观测数据索引中为1的个数，与各观测数据组相对应	7	10min平均风速	同2min风速
4	2min平均风向	36°输出36 123°输出123	8	最大风速的风向	同2min风向

续表

序号	内容	格式举例	序号	内容	格式举例
9	最大风速	同2min风速	30	本站气压	1001.3hPa输出10013
10	最大风速出现时间	16时02分输出1602	31	最高本站气压	1001.3hPa输出10013
11	分钟内最大瞬时风速的风向	同2min风向	32	最高本站气压出现时间	同最大风速出现时间
12	分钟内最大瞬时风速	同2min风速	33	最低本站气压	同本站气压
13	极大风向	同2min风向	34	最低本站气压出现时间	同最大风速出现时间
14	极大风速	同2min风速	35	草面温度	同气温
15	极大风速出现时间	同最大风速出现时间	36	草面最高温度	同气温
16	小时降水量（翻斗式或容栅式，RAT）	0.1mm输出1 1.0mm输出10	37	草面最高温度出现时间	同最大风速出现时间
17	小时降水量（翻斗式或容栅式气候辅助观测，RAT1）	同上	38	草面最低温度	同气温
18	小时降水量（称重式）	同上	39	草面最低温度出现时间	同最大风速出现时间
19	气温	−0.8℃输出−8 1.2℃输出12	40	地表温度	同气温
20	最高气温	同气温	41	地表最高温度	同气温
21	最高气温出现时间	同最大风速出现时间	42	地表最高温度出现时间	同最大风速出现时间
22	最低气温	同气温	43	地表最低温度	同气温
23	最低气温出现时间	同最大风速出现时间	44	地表最低温度出现时间	同最大风速出现时间
24	湿球温度	同气温	45	5cm地温	同气温
25	相对湿度	23%输出23 100%输出100	46	10cm地温	同气温
26	最小相对湿度	同相对湿度	47	15cm地温	同气温
27	最小相对湿度出现时间	同最大风速出现时间	48	20cm地温	同气温
28	水汽压	12.3hPa输出123	49	40cm地温	同气温
29	露点温度	同气温	50	80cm地温	同气温

续表

序号	内容	格式举例	序号	内容	格式举例
51	160cm 地温	同气温	62	现在天气现象编码	每种现象2位
52	320cm 地温	同气温	63	积雪深度	1cm 输出 1
53	正点分钟蒸发水位	0.1mm 输出 1 1.0mm 输出 10	64	冻雨	有输出 1，无输出 0
54	小时累计蒸发量	同上	65	电线积冰厚度	5mm 输出 5
55	1min 能见度	100m 输出 100	66	冻土深度	2cm 输出 2
56	10min 平均能见度	100m 输出 100	67	闪电频次	10次输出 10
57	最小 10min 平均能见度	同 1min 能见度	68	扩展项数据 1	用户自定
58	最小 10min 平均能见度出现时间	同最大风速出现时间	69	扩展项数据 2	用户自定
59	云高	100m 输出 100	70	扩展项数据 3	用户自定
60	总云量	2 成输出 2	71	扩展项数据 4	用户自定
61	低云量	同总云量			

注：① 若某记录缺测，相应各要素均至少用一个"/"字符表示；

② 当使用湿敏电容测定湿度时，除在湿敏电容数据位写入相应的数据值外，同时应将求出的相对湿度值存入相对湿度数据位置，在湿球温度位置一律以"＊"作为识别标志；

③ 正点值的含义是指北京时间正点采集的数据；

④ "日、时"作为记录识别标志用，日、时各两位，高位不足补"0"，其中"日"是按北京时的日期；"时"是指正点小时；

⑤ 日照采用地方平均太阳时，存储内容统一定为地方平均太阳时上次正点观测到本次正点观测这一时段内的日照总量；

⑥ 各种极值从上次正点观测到本次正点观测这一时段内的极值；

⑦ 小时降水量是从上次正点到本次正点这一时段内的降水量累计值，无降水时存入"0"，微量降水存入"，"；

⑧ 现在天气现象编码按 WMO 有关自动气象站 SYNOP 天气代码表示。

第 6 章
生态自动气象站

我们所处的生态环境正在经历前所未有的变化,为了更好地监测和保护生态环境,生态自动气象站应运而生。生态自动气象站是一种针对生态环境监测需求设计的气象监测设备,它主要用于监测和评估自然生态系统中的气象参数,以便有效地管理和保护生态环境。

开展生态监测是气象部门向气候系统领域拓展的重要方面。通过对生态环境的观测,积累第一手资料,准确掌握生态环境要素的质和量及其随时间的变化,不仅为生态研究和保护提供基础资料,也对研究气候在生态环境演化中的作用、生态环境变化对气候的影响,以及对其他学科相关研究的基础工作有重要意义和价值。

6.1 功能特点

监测范围广:生态自动气象站可以覆盖较大面积的区域,实现大范围的环境监测,为政府决策提供数据支持。

多参数监测:生态自动气象站通过配备多种传感器,能够实时监测和测量多个生态环境参数,如温度、湿度、光照、二氧化碳、风向、风速等。这些参数对于生态环境监测和研究具有重要意义。

自动化程度高:生态自动气象站采用数据采集系统和气象传感器,能够实现全天候、全自动的监测，大大提高了监测效率。

高精度测量：生态自动气象站采用高精度传感器和数据处理技术，能够确保数据的准确性和可靠性，可以提供高精度和高可靠性的生态气象数据。这些数据对于生态环境评估和管理具有重要意义。

数据记录与存储：生态自动气象站通常具备数据记录和存储功能，可以自动记录一段时间内的生态气象数据。这些数据可以用于后续的分析和报告生成，并可以导出到其他设备或存储介质中。

实时数据显示：生态自动气象站通常具备直观的显示屏，可以实时展示当前的生态气象数据。用户可以随时查看温度、湿度、光照、风速等信息，方便了解当前生态环境状况。

远程监测和控制：部分生态自动气象站配备无线通信功能，可以通过互联网或无线网络与远程终端设备进行连接，实现远程监测和控制。用户可以通过手机、平板电脑或电脑等设备随时查看和管理生态气象数据。

防护性能：生态自动气象站具备良好的防护性能，能够适应各种环境条件，如雨水、风沙、高温等。一些设备还具备防水和防尘功能，确保设备正常工作。

6.2 应用场景

生态自动气象站广泛应用于自然生态系统监测、生态环境评估、生态修复和保护等领域。它可以提供准确的生态气象数据，为各行各业的决策者和专业人士提供重要的参考信息。

空气质量监测：生态自动气象站能够实时监测空气中的 $PM_{2.5}$、PM_{10} 等有害物质含量，为政府制定空气质量标准和治理措施提供科学依据。

水质监测：生态自动气象站能够对水体中的 pH 值、溶解氧、氨、氮等指标进行实时监测，为水环境治理和水资源保护提供数据支持。

气候变化研究：生态自动气象站能够收集大量气候数据，为气候变化研究提供宝贵资料，为应对气候变化带来的挑战提供技术支持。

气候综合探测：生态自动气象站能够测量地气交界面附近辐射通量、能量通量、物质通量、土壤热通量和气象要素分布梯度。主要包括近地层大气温度、风、湿度、气压、降水量、蒸发量、土壤温度、土壤湿度、土壤热通量、辐射、物质通量（水汽、碳通量）观测及热量、动量通量等要素观测，以此来获取不同代表性下垫面区域上大气边界层的动力、热力结构，多圈层相互作用过程中各种能量、物质交换的相关信息。

下面是生态自动气象站在扎龙湿地的应用实例。

(1) 分析气候变化特征

气候的干湿程度是反映区域环境特点的一个重要因素，在全球变暖背景下，气候变率增大，降水量、地表蒸发量以及径流等变化对气候的干湿程度有显著影响。湿地的生态环境是由湿地的水环境状况决定的，而湿地的水环境状况变化与湿地区域的气候变化直接相关。此外，湿地生态系统对区域干湿变化的响应十分敏感。因此，分析气候变化下扎龙湿地的干湿变化特征很有意义。近年来，关于区域干湿特征的变化及其对生态系统的影响逐渐成为关注热点。

扎龙湿地位于我国黑龙江省西北部，占地面积达到21万公顷，是亚洲第一、世界第四的湿地。作为东北地区最大湿地保护区，不仅为鹤类等珍稀鸟类提供了栖息地，更对东北地区的气候变化有重要调节作用。

利用黑龙江省齐齐哈尔市扎龙湿地生态站月降水资料，通过标准化降水指数(Standardized Precipitation Index，SPI)以及小波分析方法，分析了扎龙湿地干湿状况的气候变化特征。进一步分析表明，在全球变暖背景下，短期内连续极端干旱对扎龙湿地生态系统影响较大，且近年来湿地处于偏干趋势，可能会导致湿地景观破碎化过程加剧。

(2) 分析流域洪枯对生态环境的影响

湿地作为一个独特的生态系统，其水源的洪枯变化将直接影响湿地生态环境。扎龙湿地是嫩江中游的一个主要行洪区，嫩江流域的洪枯过程将直接影响扎龙湿地生态环境。在扎龙湿地，其南部地区多年平均降水量只有387mm，而北部地区的降水量为422mm，整个湿地处于由半干旱地区到半湿润地区的过渡带上，生态环境十分脆弱。特别是近些年来，随着湿地周边区域经济社会的发展，人们对流入湿地的水资源的渴求更为迫切，在其上游区域修建了各种水利工程，使原来能够正常流入湿地的水资源受到限制。

根据1903—2004年100多年来嫩江流域中上游年最大流量和扎龙湿地所在区域气象资料，利用小波和旱涝指数分析方法，分析了嫩江流域中上游年最大流量、扎龙湿地降水量和旱涝指数的周期变化特征。结果表明，嫩江流域中上游年最大流量和扎龙湿地降水量的周期性变化对扎龙湿地水量丰欠具有重要影响。在此基础上讨论了嫩江洪泛过程对湿地生态环境的影响。

(3) 分析气候变化对湿地景观破碎化的影响

气候变化的强烈程度以北半球中、高纬度最甚，我国东北地区是全球气候变化敏感区，根据中国1951—2000年的气象资料分析，东北是中国增温最快、范围最大的地区之一，其气候变化特征与全球基本一致，具体表现为温度，尤其是冬季温度升高明显，降水普遍减少，干旱化趋势严峻。

湿地作为三大陆地生态系统之一，被誉为"地球之肾"，是人类必须保护的自然资源。在所有的陆地生态系统中，湿地由于其适应能力有限，被认为最容易受到气候变化的影响。气候变化通过改变水循环过程，对湿地的物质循环、能量流动、景观格局等产生重大影响。同时，湿地的变化将在地域乃至全球范围内影响气候。景观破碎化是指景观由单一、均质和连续的整体趋向于复杂、异质和不连续的斑块镶嵌体的过程。

基于扎龙湿地区域1903—2017年植被生长期气候资料，从影响湿地蒸发量的气象要素入手，采用小波分析和对比分析法分析了扎龙湿地气候变化的背景和影响扎龙湿地蒸发量变化的气象要素的变化规律。该研究揭示了气候变化对扎龙湿地景观破碎化过程的影响机制，提高了应对气候变化对湿地生态环境影响的预防能力。

6.3 系统组成

6.3.1 数据采集单元

生态自动气象站采集器多为HY1300型号（图6.1），其特点是集数据采集、数据处理、数据存储为一体的高性能采集器产品。

该采集器硬件采用模块化设计，可以根据用户的需求进行配置：可以采集6路模拟信号和8路数字信号，或者采集12路模拟信号（配备不同型号的分采集器）。通过6路模拟通道，采集各种模拟信号，可以根据用户需要外接辐射、湿度、气压等多种模拟量输出的气象要素传感器，从而可以很好地满足用户的监测要素配置要求。

采集器可按照系统参数配置自动实时采集需要监测的气象要素，并对采集到的要素数据按照特定格式与算法进行处理。处理后的数据可以保存在板载存储上,也可以选择存储在外扩 TF 卡上。

系统配备有丰富的通信模块,包括 4 个 RS232;1 个 RS485、CAN、GPRS、LAN,数据采集器可以配合无线通信服务器,将监测到的气象要素数据通过网络发送到中心服务器,同时可以接收中心服务的远程集中管理与配置,真正实现了网络化的智能管理。系统编程采用专用的图形化配置工具,以工程文件的方式自动生成采集器配置参数,并可自动生成传感器接线图及生产工艺文件,为项目生产与维护提供巨大便利。

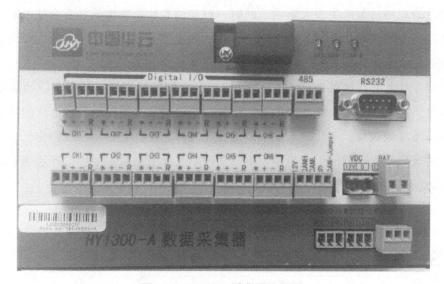

图 6.1　HY1300 采集器实物图

数据采集分采部分有两种选择模块。

① 数字板:可以负责测量频率,开关量等数字信号,并可以作为输出通道使用。

② 模拟板:负责对模拟信号的采集器,可以实现电压、电阻、电流等模拟信号的采集。

采集器支持以下三种接口。

① 局域网接口:板载局域网 RJ45 接口,可以实现局域网的接入。

② CAN 总线连接:板载 CAN2.0A/B 接口,可以实现 CAN 总线组网。

③ RS232/RS485 接口:板上包含 2 路 RS232 通道,RS232/RS485 双用通道和调试串口,可以实现对数字传感器等数字设备的连接。

HY1300 型号数据采集器的技术指标如下。

(1) 各元件位置示意技术指标

HY1300 采集器各元件位置如图 6.2 所示。

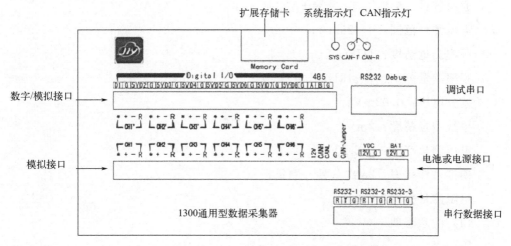

图 6.2　HY1300 采集器各元件位置示意图

① RS232 串行口×3：波特率、数据位、停止位、校验位可设，速率范围 9600～115200。

② RS485 总线接口：波特率、数据位、停止位、校验位可设，速率范围 9600～115200。

③ 调试串口：用于设备调试，速率固定为 9600 N 8 1。

④ 扩展存储卡接口：用于连接 TF 扩展卡（miniSD 卡），最大支持容量 2G。

⑤ 电池/电源接口：均为两芯 5.08mm 插座。电源输入范围 7～28V。

⑥ CAN 接口：使用 CAN 2.0A/B 通用协议。

⑦ 整机功耗：30mA。

(2) 系统硬件介绍

电源：7～28V 输入，系统内部供电 5V、3.3V；

工作温度：−40～80℃；

处理器：ARM7 核心，32/16 位处理器；

网络接口：RJ 45，通信速率 10M/100M；

存储（板载）：2M 字节，约两个月小时数据；

扩展 TF 卡：最大 2G 字节，约 5 年分钟数据，31 天秒数据。

(3) 设计精度

时钟精度：2min/年；

处理器：ARM 7 内核，时钟频率最大 12～44MHz；

AD 分辨率：16 位；

通道容量：6 差分/18 单端＋6 电流采样；

电流测量范围：0～25mA；

频率测量精度：1Hz；

频率测量范围：0～4kHz；

差分电压：0.02mV；

单端测量精度：2mV；

电压测量范围：±2.5V；

模拟采样频率：25 次/(秒·测量板)；

电阻测量精度：0.04Ω。

(4) 注意事项

① 电源

接入采集器上有两个接口：VDC 和 BAT。

BAT 接口与电池正负极连接。

VDC 只能作为外部交流电源检测使用，而不能作为供电输入。

② 启动标志

HY1300 采集器通电并完成启动过程后，采集器内置蜂鸣器会发出嘀嘀两声，作为启动成功的标志。

6.3.2 摄像机单元

网络摄像机（图 6.3）通过红外、可见光的多个光谱对目标区域观测进行定时拍摄，获取地物反射率的初始信息。图像通过设备内部网络传输至图像采集器进行存储，并通过无线传输至云平台，也可通过局域网将图像传输至台站的服务器。生态自动气象站数据作为环境背景资料也可一并传入图像采集器。

利用云平台或台站服务器部署的图

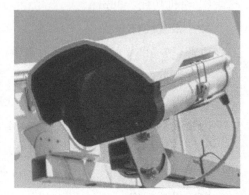

图 6.3 摄像机实物图

像解析处理软件，对各光谱图像进行分析、运算，结合植被的光谱特征，解析得出目标区域的NDVI指数，进而得出植被覆盖度情况，通过用户应用平台获得数据结果。

图像解析处理算法利用机器深度学习方法生成，通过多场景、多台站应用，利用专家指导对算法识别结果进行纠正，经过算法反复迭代，可大大提高设备对图像的识别准确率。表6.1列举了摄像机的各项单元技术指标。

表6.1 摄像机单元技术指标表

序号	参数名称	技术指标
1	植被长势图像	2592×1944
2	最大传输速度/(帧/s)	10
3	像素/W	500
4	网络接口	RJ 45、10～100M以太网
5	植被指数	NDVI
6	电源要求/VDC	12
7	工作温度/℃	−40～50
8	通信接口/方式	RS 232、DB9、4G无线
9	供电系统	太阳能供电

6.3.3 传感器单元

生态自动气象站监测采用的温度、湿度、风速传感器已在第3章介绍。本小节主要介绍生态站特有的传感器。

6.3.3.1 总辐射传感器

总辐射传感器TBQ-2-B（图6.4）用来测量水平表面上、2π立体角内所接收到波长为$0.3\sim3.2\mu m$的太阳直接照射和天空散射的总辐照度（W/m^2）。

总辐射表由感应件、玻璃罩和配件组成。其工作原理基于热电效应，感应件由感应面和热电堆组成。热电堆为快速响应

图6.4 总辐射传感器实物图

的线绕电镀式热电堆,感应面涂 3M 无光黑漆。当涂黑的感应面接收辐射增热时,使热电堆产生与接收到的辐照度成正比的温差电动势输出信号 V。

玻璃罩为半球形双层石英玻璃,起防风和透过波长 $0.3\sim3.0\mu m$ 范围的短波辐射,透过率为常数且接近 0.9。采用双层罩是为了阻止外层罩的红外辐射影响,减小测量误差。总辐射传感器的技术指标如表 6.2 所示。

表 6.2 总辐射传感器的技术指标

参数	指标
响应时间(95%)	<35S(99%)
稳定性(年变化量)	小于±2%
非线性	小于±2%
方位	小于±5%
余弦响应(太阳高度角 10°时)	小于±7%
测量角	2π 立体角
总辐射测量范围/(W/m²)	0~1400
光谱范围/nm	300~3200
温度系数	不大于±2%(−10~40℃)
最大允许误差	±2%
总辐射分辨率/(W/m²)	5
结构	
接收涂层	3M 无光黑漆

6.3.3.2 光合有效辐射传感器 FPH-1

FPH-1 光合有效辐射传感器主要用于测量 400~700nm 波长范围内自然光的光合有效辐射,并且使用简单,可直接与数字电压表或数据采集器相连,可在全天候条件下使用。

该传感器采用硅光探测器,并配有一个 400~700nm 的光学滤光器。当有光照时会产生一个与入射辐射强度成正比的电压信号,并且其灵敏度与入射光的直射角度的余弦成正比,每台光合有效辐射表都给出各自的灵敏度,并可以直接读出单位为 $\mu\cdot mol/(m^2\cdot s)$ 的数值。该传感器广泛应用于农业气象、农作物生长的研究。

光合有效辐射传感器 FPH-1 的技术指标如下。

光谱范围:400~700nm;

响应时间：约 1s（99%）；

温度相关：最大 0.05%/℃；

余弦校正：上至 80°入射角；

工作温度：-40~65℃；

湿度：0~100%RH；

灵敏度：10~50μV/(μmol·m^{-2}·s^{-1})；

内阻：<2K。

6.3.3.3 紫外辐射表 FLZAB

FLZAB 紫外辐射表（图 6.5）被用来测量大气中的太阳紫外辐射（UVAB 波长范围）的精密仪器。该仪器与数据采集器配合使用可提供公众所关心的信息：UV 指数、UV 红斑测量、UV 对人体影响及 UV 特殊的生物学和化学效应。因此倍受气象、工业、建筑及医学等行业的重视，广泛应用于暴晒引起的红斑测量、综合环境生态效应、气候变化的研究及紫外线监测和预报。

FLZAB 紫外辐射表的技术指标如表 6.3 所示。

图 6.5 紫外辐射表实物图

表 6.3 紫外辐射表技术指标表

参数	指标
型号	FLZAB
光谱范围/nm	280~400
测量范围/(W/m^2)	0~500
余弦响应	≤4%（太阳高度角 30°时）
分辨力/[μV/(W×m^2)]	<100
最大允许误差	<5%
工作温度/℃	-50~50
测量范围/(W/m^2)	0~70
响应时间/s	≤1(99%)

6.3.3.4 校准式的热通量传感器 HFP01SC

校准式的热通量传感器是一种用于对土壤热通量进行精确测量的传感器，它能够提供更加精确可靠的数据。它所拥有的在线校准（Van den Bos-Hoeksema 方法）可以消除多种常见的误差，特别是由于传感器和被测土壤的热导不完全匹配引起的误差以及不同土壤由于水含量不同引起的热导差异带来的误差。

它由一个热通量传感器和一个薄膜加热器组成。主要的目的就是评估通过传感器周围土壤的热通量。HFP01SC 的输出是一个和热通量成正比的电压信号。薄膜加热器安装在传感器上面，当需要对传感器进行校准时可以启动校准，从而根据当时、当地的情况产生一个新的校准系数。同时，也可以测试一下电缆的连接、数据的获得以及数据处理的状态。因此也消除了由传感器稳定性和温度带来的误差。在测量精度和质量上相对于传统传感器（如 HFP01）有很大提高。

一般来说，一个地方需要两个传感器才能得出较好的空间平均值。其实物图如图 6.6 所示。

校准式的热通量传感器各个部件的性能指标如下：

（1）热通量传感器

额定灵敏度：$50\mu V/(W \times m^2)$；

标称电阻：2W；

温度范围：$-30 \sim 70 ℃$；

精度：$\pm 3\%$。

（2）薄膜加热器

额定电阻：100W；

输入电压：$9 \sim 15VDC$；

输出电压：$0 \sim 2VDC$；

图 6.6　HFP01SC 校准式的热通量传感器

校准周期：$\pm 3min@1.5W$，一般每 3 或者 6h 一次；

平均消耗电源功率：$0.02 \sim 0.04W$。

6.3.3.5　图像采集及通信单元 HY900

（1）组成结构

HY900 图像采集器（图 6.7、图 6.8）具备对局域网内 FTP 客户端文件的收集功能，并将收集到的数据进行存储、转发到远程广域网的 FTP 服务器上。

① 命令串口（串行口 3）：9600 N 8 1。

② SIM 卡：无线 4G 通信时需配合使用 SIM 卡。

③ SD 卡：用于存储历史数据，标准配置容量 8G。保存 7 天文件内容（文件格式为 *.JPG）。

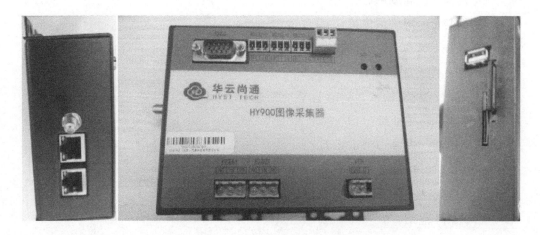

图 6.7 HY900 图像采集器

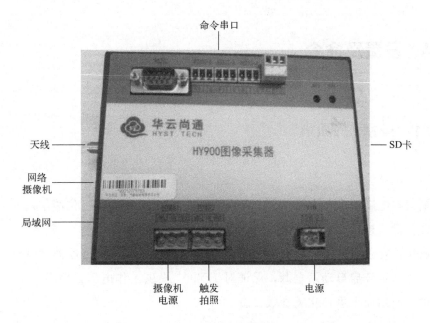

图 6.8 HY900 图像采集器接口示意图

④ 电源：电源输入范围 0~12V。

⑤ 控制 2：触发拍照。

⑥ 控制 1：网络摄像机电源。

其中，关于"控制 1""控制 2"接口定义如下：

NC 表示常连接输出，IN 表示电源，NO 表示常断开输出。

⑦ 网口1：局域网。

⑧ 网口2：网络摄像机。

⑨ 天线：无线4G通信时需配合使用天线。

HY900图像采集器技术指标如下。

电源：6~18V输入，额定12V。系统内部供电5V、3.3V；

工作温度：工业级-40~80℃；

时钟精度：误差小于15s/月；

通信串口：RS232串口3个；

电压分布结构：3.3V±1‰，5V±1‰；

频率采样范围：0~3000Hz；

功耗指标：140mA。

6.4 设置及命令

6.4.1 调试HY900

（1）调试工具

笔记本电脑、USB转串口线、调试线（一端DB9，一端三位端子）。

（2）设备连接

操作：在主机箱内，用调试线将笔记本与HY900图像处理器"调试接口"连接，并确定开启自动站电源，保证对HY900提供工作电压；用串口调试助手等软件，使用命令进行相关参数设置。

（3）调试内容

下列参数必须根据实际情况设置，才能让设备正常运转工作。

① 参数项：连接互联网的模式INTERNETMODE。

作用：选择网络，是用网线直连，或是手机SIM卡4G网络。

② 参数项：FTP服务器参数命令设置命令FTPPARA。

作用：指定接收网络摄像机图像的服务器。

③ 参数项：站点号相关命令DEVICEID。

作用：

a. 区别不同网络摄像机：设置网络摄像机的站号，同网段的不同网络摄像机通过此字段相互区别。

b. 定位存放路径：图像文件存放路径为：FTP 服务器下的用户的根目录/DEVICEID（如 99999）/年份（如 2019）。

④ 参数项：本机 IP 命令 LOCALIP。

作用：HY900 在局域网内的 IP 地址。

⑤ 参数项：子网掩码命令 SUBMASK。

作用：HY900 在局域网内的子网掩码。

⑥ 参数项：路由命令 ROUTE。

作用：HY900 在局域网内的路由参数。

⑦ 参数项：本机 IP 命令 LOCALIP2。

作用：网络摄像机在局域网内的 IP 地址。

⑧ 参数项：子网掩码命令 SUBMASK2。

作用：网络摄像机在局域网内的子网掩码。

⑨ 参数项：路由命令 ROUTE2。

作用：网络摄像机在局域网内的路由参数。

⑩ 参数项：网络摄像机启动时间命令 BOOTTIME。

作用：设定网络摄像机启动时间。

⑪ 一参数项：网络摄像机拍照间隔命令 SENSORFRQ。

作用：设定网络摄像机拍照间隔。

(4) HY900 调试命令

① 版本信息 GETDEBUG54

命令内容	GETDEBUG54!
命令响应	返回设备基本信息和软件版本号
命令响应举例	HY900 Main Station HY900-011-010 HY900-M01-010 HY900-M02-010

② 复位全部参数并重启 SETPARADEFAULT

命令内容	SETPARADEFAULT!
命令响应	SETPARADEFAULTOK! SETPARADEFAULTERROR!

③ 强制设备重启命令 TECOM RESET

命令内容	TECOM RESET!
命令响应	无

④ 本机 IP 命令 LOCALIP

a. 设置命令

命令内容	SETLOCALIP＋空格＋本机 IP＋!
命令响应	SETLOCALIPOK! SETLOCALIPERROR!
命令设置举例	SETLOCALIP 192.168.1.99!
注意	（1）设备接入局域网的 IP 地址 （2）不能与 LOCALIP2 是同一个网段

b. 获取命令

命令内容	GETLOCALIP!
命令响应	Local IP：＋空格＋本机 IP＋回车换行
命令响应举例	Local IP：192.168.1.99

⑤ 子网掩码命令 SUBMASK

a. 设置命令

命令内容	SETSUBMASK＋空格＋子网掩码＋!
命令响应	SETSUBMASKOK! SETSUBMASKERROR!
命令设置举例	SETSUBMASK 255.255.255.0!
注意	不能与 LOCALIP2 是同一个网段

b. 获取命令

命令内容	GETSUBMASK!
命令响应	SubMask：＋空格＋子网掩码＋回车换行
命令响应举例	SubMask：255.255.255.0

⑥ 路由命令 ROUTE

a. 设置命令

命令内容	SETROUTE＋空格＋路由＋!
命令响应	SETROUTEOK! SETROUTEERROR!
命令设置举例	SETROUTE 192.168.1.1!
注意	接入局域网时，不能与 LOCALIP1 相同，但要保证同一个网段

b. 获取命令

命令内容	GETROUTE!
命令响应	Route：＋空格＋路由＋回车换行
命令响应举例	Route：192.168.1.1

⑦ 本机 IP 命令 LOCALIP2

a. 设置命令

命令内容	SETLOCALIP2＋空格＋本机 IP＋!
命令响应	SETLOCALIP2OK! SETLOCALIP2ERROR!
命令设置举例	SETLOCALIP2 192.168.8.1!
注意	(1) 设备与网络摄像机通信 IP (2) 与 LOCALIP 不能同网段

b. 获取命令

命令内容	GETLOCALIP2!
命令响应	Local IP2：＋空格＋本机 IP＋回车换行
命令响应举例	Local IP2：192.168.8.1

⑧ 子网掩码命令 SUBMASK2

a. 设置命令

命令内容	SETSUBMASK2＋空格＋子网掩码＋!
命令响应	SETSUBMASK2OK! SETSUBMASK2ERROR!
命令设置举例	SETSUBMASK2 255.255.255.0!
注意	不能与 LOCALIP1 是同一个网段

b. 获取命令

命令内容	GETSUBMASK2！
命令响应	SubMask2：＋空格＋子网掩码＋回车换行
命令响应举例	SubMask2：255.255.255.0

⑨ 路由命令 ROUTE2

a. 设置命令

命令内容	SETROUTE2＋空格＋路由＋！
命令响应	SETROUTE2OK！ SETROUTE2ERROR！
命令设置举例	SETROUTE2 192.168.8.1！
注意	不能与 LOCALIP1 相同，但要保证 LOCALIP2 同一个网段

b. 获取命令

命令内容	GETROUTE2！
命令响应	Route2：＋空格＋路由＋回车换行
命令响应举例	Route2：192.168.8.1

⑩ 连接互联网的模式 INTERNETMODE

a. 设置命令

命令内容	SETINTERNETMODE＋空格＋模式＋！
命令响应	SETINTERNETMODEOK！ SETINTERNETMODEERROR！
命令设置举例	SETINTERNETMODE 1！
注意	（1）网口 1 连接互联网 （2）手机卡连接到互联网 命令设置后需要重新启动设备

b. 获取命令

命令内容	GETINTERNETMODE！
命令响应	InternetMode：＋空格＋模式＋回车换行
命令响应举例	InternetMode：1

⑪ FTP 服务器参数命令设置命令 FTPPARA

a. 设置命令

命令内容	SETFTPPARA＋空格＋Ip 地址＋空格＋端口号＋空格用户名＋空格＋密码＋空格＋上传路径！
命令响应	SETFTPPARAOK！ SETFTPPARAERROR！
命令设置举例	SETFTPPARA 192.168.1.17 21 tecomtecom /！
注意	用户名，密码，不能设置为中文 上传路径默认填写 "/" 表示 FTP 服务器下的用户的根目录

b. 获取命令

命令内容	GETFTPPARA！
命令响应	FtpPara：＋空格＋Ip 地址＋空格＋端口号＋空格用户名＋空格＋密码＋空格＋上传路径＋回车换行
命令响应举例	FtpPara：192.168.1.17 21 tecomtecom /

⑫ 设置或读取网络摄像机拍照间隔命令 SENSORFRQ

a. 设置命令

命令内容	SETSENSORFRQ＋空格＋时间间隔＋！
命令响应	SETSENSORFRQOK！ SETSENSORFRQERROR！
命令设置举例	SETSENSORFRQ 5！
备注	参数单位：分钟 参数范围：5、6、10、15、20、30、60

b. 获取命令

命令内容	GETSENSORFRQ！
命令响应	SensorFrq：＋空格＋时间间隔＋回车换行
命令响应举例	SensorFrq：5

⑬ 设置或读取网络摄像机启动时间命令 BOOTTIME

a. 设置命令

命令内容	SETBOOTTIME＋空格＋启动时间＋！
命令响应	SETBOOTTIMEOK！ SETBOOTTIMEERROR！
命令设置举例	SETBOOTTIME 60！

续表

备注	参数单位：秒 参数范围：60~300 此参数用于计算网络摄像机从上电到正常工作需要的总时间，建议使用默认值即可

b. 获取命令

命令内容	GETBOOTTIME！
命令响应	BootTime：＋空格＋时间间隔＋回车换行
命令响应举例	BootTime：60

⑭ 设置或读取系统时间命令 TIME

a. 设置命令

命令内容	SETTIME＋设置时间（年月日时分秒）！
命令响应	TIME＋系统时间（年月日时分秒）！
命令设置举例	SETTIME20120712094647！
命令响应举例	TIME20120712094647！

b. 获取命令

命令内容	GETTIME！
命令响应	TIME＋系统时间（年月日时分秒）！
命令响应举例	TIME20120712094647！

⑮ 站点号相关命令 DEVICEID

a. 获取命令

字段含义	字段内容	字段长度
获取参数命令字	GETDEVICEID	11
结束符	！	1

实例 1

发送命令：GETDEVICEID！

命令响应：GETDEVICEID　99999NN！

设置命令

字段含义	字段内容	字段长度	取值范围
设置参数命令字	SETDEVICEID	11	
站点号	99999	8	8位所有可见ASCII，不足8位左侧用"空格"补齐
站点号是否启用（保留）	N	1	N
数据类型是否启用（保留）	N	1	N
结束符	!	1	

实例2

发送：SETDEVICEID   99999NN!

设置成功返回：SETDEVICEIDOK!

设置失败返回：SETDEVICEIDERROR!

各项参数说明如下。

a. 站点号域：站点号域是用来设置系统的站点号，用于分辨系统的识别ID。

b. 站点号是否启用（保留）：只能为N。

c. 数据类型是否启用（保留）：只能为N。

6.4.2 调试采集器HY1300

(1) 调试工具

笔记本电脑、USB转串口线、调试线（一端DB9、一端三位端子）。

(2) 设备连接

操作：在主机箱内，用调试线将笔记本与采集器"RS232"口连接，并确定开启自动站电源，保证其对"12V电源接口"供电；用串口调试助手软件，在软件界面发送命令。

(3) HY1300常用命令

采集器输出的数据格式请对照查阅程序文件配套的Excel文件。

① 获取秒实时数据 GETSECDATA!

命令内容	GETSECDATA!
命令响应	返回当前秒数据，数据格式参照配置工程顺序输出

② 获取分钟实时数据 GETMINDATA！

命令内容	GETMINDATA！
命令响应	返回当前分钟数据，数据格式参照配置工程顺序输出

③ 获取分钟历史数据 GETMINDATA！

命令内容	GETMINDATA＋起始日期时间（年月日时分）＋结束日期时间（年月日时分）＋！
命令响应	依次返回从起始日期时间至结束日期时间的分钟数据，起始时间距离结束时间的间隔不超过 24 小时

④ 获取小时实时数据 GETHOURDATA！

命令内容	GETHOURDATA！
命令响应	返回当前小时数据，数据格式参照配置工程顺序输出

⑤ 获取小时历史数据 ETHOURDATA！

命令内容	GETHOURDATA＋起始日期时间（年月日时）＋结束日期时间（年月日时）＋！
命令响应	依次返回从起始日期时间至结束日期时间的小时数据，起始时间距离结束时间的间隔不超过 720 小时

⑥ 系统时间命令

a. 设置系统时间 SETTIME

命令内容	SETTIME＋设置时间（年月日时分秒）！
命令响应	TIME＋系统时间（年月日时分秒）！ 或 SETTIMEERROR！

b. 获取系统时间 GETTIME！

命令内容	GETTIME！
命令响应	TIME＋系统时间（年月日时分秒）！
举例	TIME20120712094647！

第 7 章

农田小气候站

随着现代农业种植技术的发展，各种新型、节能、高效的农业设施应用于农业生产中，设施农业的自动化技术及产品也层出不穷。

在互联网技术飞速发展的今天，如果能够通过网络将设施农业环境监测系统和环境调节系统有机地结合起来，利用网络技术、计算机技术、自动控制技术尽可能地提高设施农业环境监测和控制系统的技术水平，对于设施农业生产降低劳动强度、节省人工、提高生产效率具有重大意义。

结合现代农业物联网技术的发展趋势，利用网络高效集成环境监测与环境控制设备的"智慧农业系统"应运而生。该系统集环境数据采集、环境要素控制、数据通信、软件监控与自动控制功能于一体，实时监测温室内环境要素及控制变量，现场数据可以通过 Internet/GPRS 网络传送至远程服务器，实现数据远程监控和管理。

7.1 系统结构

CAWS2000 农业气候智能测控系统结构如图 7.1 所示，其主要包括主采集器、智能采集器和中心软件。

① 主采集器是区域采集控制系统的核心，通过 485 总线与智能采集器、开关量控制器和机械量控制器进行通信，将智能采集器的采集要素与设置阈值相比

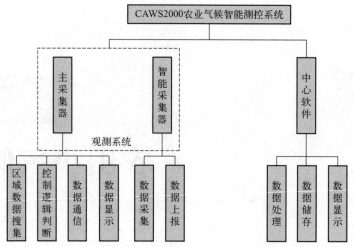

图 7.1 CAWS2000 农业气候智能测控系统结构

较,根据具体需求,完成与智能控制器命令交互,实现对外围设备的自动控制。同时,数据通过 ZigBee 或者 GPRS 上传到中心服务器。

标准配置:HY1001、TG04-M 通信服务器、防雷板、蓄电池。

② 智能采集器负责实时采集环境要素,包括空气温湿度、地温、土壤水分、光照强度等。

标准配置:HY1003、光照强度传感器、CO_2 传感器、空气温湿度传感器、风向风速传感器、雨量传感器、土壤水分传感器以及地温传感器。

选配:液位传感器、pH 传感器。

③ 中心软件负责与现场主采集器进行通信,完成现场环境要素与控制信息搜集,实现阈值设置、历史数据查询、实时数据显示、界面图形化、控制命令下达等功能。

7.2 技术指标

7.2.1 电气技术指标

(1) 传感器指标

传感器技术指标如表 7.1 所示。

表 7.1 传感器技术指标

传感器类型		测量范围	典型精度	安装高度
光照		0~64000lux	±10%	173.5cm
空气湿度	温度	0~50℃	±0.5℃	150cm、50cm
	湿度	0~100%RH	±5%RH	
CO_2		0~0.02	±0.02%/±3%(读数)	150cm
风向传感器		0°~360°	6°	
风速传感器		0.5~50m/s	0.05m/s	
雨量传感器		雨强:0~4mm/min 雨量:大于0.1mm	0.1mm	
土壤水分		0~100%(石英砂标定)	±5%RH	地下20cm
土壤温度		−10~85℃	±0.5℃	地下10cm、20cm、30cm

(2) 电源指标

① 输入：21.2~50VDC，1.75A，太阳能供电。

② 输出：9~13.8V，0.5A，蓄电池供电。

③ 各部分功耗如表 7.2 所示。

表 7.2 传感器各部分功耗

类型	分项	功耗/mA
主采集器（HY1001）	主板	30
	RS485	20
	液晶显示	50
智能采集器（HY1003）	整机	30

(3) 时钟精度

农业气象观测系统应采用实时时钟，在产品寿命期内不会因供电中断而造成走时误差。可手动或定时进行校时。

该实时时钟走时误差不大于 15s/月。

(4) 防雷指标

防雷板指标：

① 直流击穿电压：75V。此值由施加一个低上升速率（$dv/dt=100V/s$）的

电压值决定。

② 冲击击穿电压：<700V。它代表放电管动态特性，常用上升速率为 $dv/dt=1kV/\mu s$ 的电压值来决定。

③ 标称冲击放电电流：5kA。8/20μs 波形（前沿 8μs，半峰持续时间 20μs）的额定放电电流，放电 10 次。

④ 标准放电电流：5A。通过 50Hz 交流电流的有效值。

⑤ 绝缘电阻：>1GΩ。

⑥ 极间电容：<1.5pF。

⑦ 响应时间：80ns。

⑧ 击穿电压：15V。

此外，设备整体金属外壳通过 2.5mm^2 多股铜线接地。

7.2.2 机械技术指标

（1）机械尺寸

① 杆体：总高 1735mm，其中上杆 1200mm，下杆 535mm。

② 机箱：530mm×350mm×220mm，厚度 1mm。

（2）机械强度

① 机箱背部焊接 2mm 厚固定铁板，后者中心位置焊接 3mm 厚六边形抱箍，抱箍之间加 3mm 厚胶皮与上杆连接，增大摩擦力。

② 主杆体下半部分采用 5mm 厚钢管，上半部分采用 3mm 厚铝管，连接处采用 3 颗 M6 镀镍螺钉紧固。

③ 底盘为厚度 8mm 铁板，可以通过 3 个椭圆孔固定于埋入水泥基础的预埋件，或者通过底部尼龙棒和三根铁钉固定于土壤中。

（3）防水等级

① 主采集器机箱配置防雨帽，机箱底部通过防水锁头预留接线口，箱门与箱体之间采用胶条密封，并且在密封处设计了导水槽；

② 智能采集器采用塑料防水外壳，通过防水锁头预留接线口；

③ 传感器和智能采集器，智能采集器和主采集器之间连接采用空中对接防水线缆。综合防水等级达到 IP65。

7.3 使用方法

7.3.1 系统接口介绍

（1）HY1001 接口

HY1001 接口通过防雷板引出，包括 1 路 RS232 升级接口和 3 路 RS485 通信接口（图 7.2）。其中两路分别用来和两台 HY1003 智能采集器通信，采用空中对接防水线缆连接；另外两路用来和 HY1004、HY1005 进行通信，采用接线端子连接。

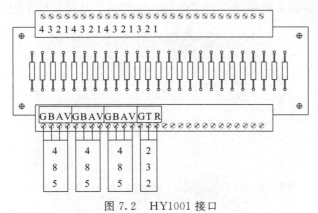

图 7.2　HY1001 接口

（2）HY1003 接口

① HY10031 接口

HY10031 智能采集器接口分布如图 7.3 所示，其接口标识说明见表 7.3。

图 7.3　HY10031 接口分布

表 7.3　HY10031 系统外部接口标识说明

类型	接口标识	功能
传感器接口	光照	光照
	温湿	空气温湿度
	CO2	CO_2
	雨量	雨量
	风速	风速
	风向	风向
通信接口	RS232-D	调试/升级串口
	RS485	通信串口

② HY10032 接口

HY10032 智能采集器接口分布如图 7.4 所示，其接口标识说明见表 7.4。

图 7.4　HY10032 接口分布

表 7.4　HY10032 系统外部接口标识说明

类型	接口标识	功能
传感器接口	温湿	空气温湿度
	雨量	雨量
	地温 1	地温
	地温 2/土壤 3	地温/土壤
	地温 3/土壤 2	地温/土壤
	地温 4/土壤 1	地温/土壤
通信接口	RS232-D	调试/升级串口
	RS485	通信串口

③ HY10033 接口

HY10033 智能采集器接口分布如图 7.5 所示，其接口标识说明见表 7.5。

图 7.5　HY10033 接口分布

表 7.5　HY10033 系统外部接口标识说明

类型	接口标识	功能
传感器接口	温湿	空气温湿度
	土壤 1	土壤
	土壤 2	土壤
	土壤 3	土壤
通信接口	RS232-D	调试/升级串口
	RS485	通信串口

④ HY10034 接口

HY10034 智能采集器接口分布如图 7.6 所示，其接口标识说明见表 7.6。

图 7.6　HY10034 接口分布

表 7.6 HY10034 系统外部接口标识说明

类型	接口标识	功能
传感器接口	温湿	空气温湿度
	液位	液位
	PH 值	pH 值
通信接口	RS232-D	调试/升级串口
	RS485	通信串口

7.3.2 液晶显示状态说明

主采集器液晶显示如图 7.7 所示。

"功能"和"确定":回到主界面,显示程序版本号和采集器供电电压等信息。

"▲"和"▼":上翻页、下翻页,显示各个传感器采样值以及控制器状态。

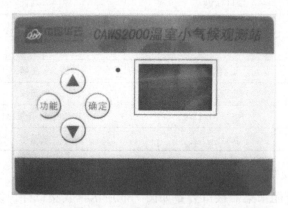

图 7.7 主采集器液晶显示

7.4 设备安装

7.4.1 安装位置选择

观测系统的安装位置选择应符合如下条件:

① 农田或者棚内各点环境参数均不同,站点选址不宜靠近大棚外壁或者远离观测场地,确保传感器采样值应具有代表性。

② 为方便维护,选址应尽量靠近走道。

7.4.2 安装步骤

① 仔细阅读安装装配图,按照装配图的指示和要求,进行设备的连接。

② 安装下杆,通常安在田边水泥基础上,采用 M14 预埋螺栓将底盘固定于水泥基础,地温棒插入田地中,以第一层没入水下 10cm 为准。注意,所有探出或者引出水泥基础的站点部位应平行于田埂建设,避免机械作业损坏站点。

③ 主机箱与下杆连接,主机箱与下杆采用两片半圆形抱箍连接,内部垫胶皮。螺钉型号:M6×20 内六角。

④ 安装太阳能板。将太阳能支架安装在太阳能板上,并通过抱箍连接到下杆的上端部分,内部垫胶皮。螺钉型号:M6×10、M6×20。

⑤ 安装上杆,按照要求,将避雷针、风向风速横臂、光照横臂通过抱箍连接到上杆,内部垫胶皮,并在相应的横臂上加上对应的传感器。螺钉型号:M6×20。

⑥ 连接上、下杆所用螺钉型号:M6×20 内六角。

⑦ 安装接地线。

⑧ 完成,整体效果图如图 7.8 所示。

图 7.8 安装效果图

7.5 常用命令

7.5.1 HY1001 常用命令

(1) 获取调试数据

命令内容	GETDEBUG10!
命令响应	返回当前采样实时数据

(2) 获取系统时间

命令内容	GETTIME!
命令响应	TIME+系统时间（年月日时分秒）!

(3) 设置系统时间

命令内容	SETTIME+设置时间（年月日时分秒）!
命令响应	TIME+系统时间（年月日时分秒）!

(4) 强制设备重启

命令内容	TECOM RESET!
命令响应	无（但系统复位）

(5) 站点号

① 设置参数

STATIC01 的参数说明如表 7.7 所示。

表 7.7 STATIC01 参数说明

参数名称	参数说明	位数
站点号	同设备编号（五位）	8
口令	1234	6
本机号码	13821309302	15
是否采集温度	Y	1

续表

参数名称	参数说明	位数
偏移量（小时）	00	2
间隔（小时）	1	1
分钟雨量上报门限	000	3
分钟雨量上报间隔	00	2
结束符	！	1

说明：用于设置 HY1001 串口接入的设备是 HY821 还是光猫

实例：

发送：SETSTATIC01　99999　1234　13821309302Y00100000！

返回：SETSTATIC01OK！

　　　SETSTATIC01ERROR！

② 获取参数（表7.8）

表 7.8　GET STATIC01 参数设置

参数名称	参数说明	位数
GET STATIC01		11
结束符	！	1

实例：

发送：GET STATIC01！

返回：GETSTATIC01　99999　1234　13821309302Y00100000！

③ 各项参数说明

站点号：是本站标识，每个站点都应不同，根据当地具体情况重新设置。

口令：目前此项参数未起作用，可以任意设置。

本机号码：此项参数通信方式为只采用短信方式，或者处于 GPRS 为主，短信为辅的短信方式时起作用，这个参数应该与该站点安装的 SIM 卡的电话号码相符，参数的意义在于通过短信方式校准设备时钟。

是否采集温度：此项参数只有两个选择，设置为 N 表示站点为单雨量站，设置为 Y 表示站点为六要素站。

偏移量：此项参数旨在设置为六要素站且通信方式为只采用短信方式，或者处于 GPRS 为主，短信为辅的短信方式时起作用，此偏移量应小于间隔，表示温度以及风速风向信息向短信中心发送的偏移小时数。目前 TECOM3140 产品中此项参数为保留参数，已经不起作用，只是为了保证产品的命令兼容性。

间隔：此项参数与上面的偏移量配合使用，此间隔值应大于偏移量，此参数决定向短信中心发送短信的间隔小时数。目前 TECOM3140 产品中此项参数为保留参数，已经不起作用，只是为了保证产品的命令兼容性。

分钟雨量上报门限：此参数只在通信方式为只采用 GPRS 方式，或者处于 GPRS 为主，短信为辅的 GPRS 方式时起作用。此参数范围为 0～999，如果设置为 0 表示不启用此机制，如果设置为 1～999 的数值，则当分钟雨量累积到此上报门限的时候，将当前的气象数据实时发送至气象中心。

分钟雨量上报间隔：此参数只在通信方式为只采用 GPRS 方式，或者处于 GPRS 为主，短信为辅的 GPRS 方式时起作用。此参数的可选值为 0、1、2、3、4、5、6、10、15、20、30、60，如果设置为 0 表示不启用此机制，如果设置为其他值，则每到上报间隔的时间就将当前的气象数据实时发送至气象中心。

注意：HY1001 中兼容的 STATIC01 命令，只对站点号和加密间隔进行了参数兼容处理。在调试口设置 STATIC01 命令，会对站点号和加密间隔进行 EEPROM 和 RAM 的数据保存。而在数据通信窗口，设置 STATIC01 时，只会将加密间隔保存到 RAM 中，而不会保存到 EEPROM，同时站点号参数不做判断和保存的处理，但设置参数的命令返回仍为 SETSTATIC01OK！

HY1003 常用命令与 HY1001 一致。

7.5.2 HY814 常用命令

7.5.2.1 COMM00 命令

COMM00 用于设置 GPRS 相关参数，表 7.9 是出厂时的参数值，共包括四个参数项，每个参数项位数不足时，前补空格。

表 7.9 COMM00 参数设置

参数名称	参数出厂值	位数
IP 地址	255.255.255.255	15
端口号	1500	6
接入点	CMNET	15
协议	T	1

设置参数命令：SETCOMM00＋IP 地址＋端口号＋接入点＋协议＋！

设置参数命令响应：SETCOMM00OK！

获取参数命令：GETCOMM00！

获取参数命令响应：GETCOMM00＋IP地址＋端口号＋接入点＋协议＋！

参数项说明如下。

① IP地址：中心服务器的IP地址。

② 端口号：中心服务器端口号。

③ 接入点：GPRS接入点，如果是公网接入，设置为CMNET，如果采用当地的专用网，需要按照当地提供的接入点重新设置。

④ 协议：目前只支持TCP，因此该参数只能设置为T。

7.5.2.2 STATIC01命令

STATIC01用于设置与站点相关的参数，表7.10是出厂时的参数值，共包括八个参数项，其中站点号、口令和本机号码位数不足时，前补空格，其他参数项位数不足时，前补零。

表7.10 STATIC01参数设置

参数名称	参数出厂值	位数
站点号	同设备编号（五位）	8
口令	1234	6
本机号码	13821309302	15
是否采集温度	Y	1
偏移量（小时）	00	2
间隔（小时）	1	1
分钟雨量上报门限	000	3
分钟雨量上报间隔	00	2

设置参数命令：SETSTATIC01＋站点号＋口令＋本机号码＋是否采集温度＋偏移量＋间隔＋分钟雨量上报门限＋分钟雨量上报间隔＋！

设置参数命令响应：SETSTATIC01OK！

获取参数命令：GETSTATIC01！

获取参数命令响应：GETSTATIC01＋站点号＋口令＋本机号码＋是否采集温度＋偏移量＋间隔＋分钟雨量上报门限＋分钟雨量上报间隔＋！

参数项说明如下。

站点号：是本站标识，每个站点都应该不同，根据当地具体情况重新设置。

口令：目前此项参数未起作用，可以任意设置。

本机号码：此项参数在通信方式为只采用短信方式，或者处于 GPRS 为主、短信为辅的短信方式时起作用，这个参数应该与该站点安装的 SIM 卡的电话号码相符，参数的意义在于通过短信方式校准设备时钟。

是否采集温度：此项参数只有两个选择，设置为 N 表示站点为单雨量站，设置为 Y 表示站点为六要素站。

偏移量：此项参数只在设置为六要素站且通信方式为只采用短信方式，或者处于 GPRS 为主、短信为辅的短信方式时起作用，此偏移量应小于间隔，表示温度以及风速风向信息向短信中心发送的偏移小时数。目前 TECOM3140 产品中此项参数为保留参数，已经不起作用，只是为了保证产品的命令兼容性。

间隔：此项参数与上面的偏移量配合使用，此间隔值应大于偏移量，此参数决定向短信中心发送短信的间隔小时数。目前 TECOM3140 产品中此项参数为保留参数，已经不起作用，只是为了保证产品的命令兼容性。

分钟雨量上报门限：此参数只在通信方式为只采用 GPRS 方式，或者处于 GPRS 为主、短信为辅的 GPRS 方式时起作用。此参数范围为 0～999，如果设置为 0 表示不启用此机制，如果设置为 1～999 的数值，则当分钟雨量累积到此上报门限的时候，将当前的气象数据实时发送至气象中心。

分钟雨量上报间隔：此参数只在通信方式为只采用 GPRS 方式，或者处于 GPRS 为主，短信为辅的 GPRS 方式时起作用。此参数的可选值为 0、1、2、3、4、5、6、10、15、20、30、60，如果设置为 0 表示不启用此机制，如果设置为其他值，则每到上报间隔的时间就将当前的气象数据实时发送至气象中心。

7.6 系统维护

为了确保系统长期可靠稳定运行，需要进行一些必要的维护工作。各传感器出厂前都经过检定和校准，根据气象仪器检定的相关要求进行定期的检定或校准。

① STATIC01 设备在运输过程中避免强烈碰撞和挤压，要轻拿轻放。

② 不要直接接触电路板上的元器件，也不要用手直接按压电路板、采集器内部连线。

③ 包装箱存放位置应当注意防水、防潮。

④ 定期查看设备的各个部分是否被腐蚀或者自然损坏，尤其是在自然条件较为恶劣的站址。如果有损坏或者腐蚀应当立即进行处理、更换。

⑤ 若半年不使用，再次使用之前要检查电压，如果电池无法充电应当立即更换新电池。注意：电池的更换周期一般为2年，到期需更换电池。

⑥ 每次使用结束之后，建议进行必要的清洁，去除仪器各部件表面的灰尘杂物，再装箱存放。如设备淋雨或潮湿，应晾干之后再装箱存放。

(1) 传感器维护

① **光照传感器维护** 避免传感器被其他物体遮挡，建议对透光半球表面定期清理，确保采样准确性。

② **温湿度传感器维护** 温湿度传感器安装在通风罩内，在使用前或使用之后，建议对通风罩进行清洁，确保通风良好。

长期使用之后，有必要将温湿度传感器从通风罩内取出，进行传感器表面的清洁。使用湿布轻轻擦去传感器表面的浮尘，晾干之后重新装入通风罩。

③ **CO_2 传感器维护** CO_2 传感器安装在通风罩内，在使用前或使用之后，建议对通风罩进行清洁，确保通风良好。

长期使用之后，有必要将 CO_2 传感器从通风罩内取出，进行传感器表面的清洁。使用湿布轻轻擦去传感器表面的浮尘，晾干之后重新装入通风罩。

④ **风向风速传感器维护** 如果使用得当，传感器无需维护，但严重的污染将导致传感器转动部件与静止部件缝隙间堵塞，因此需要定期清除污垢。

由于传感器长时间使用导致轴承磨损，而影响传感器性能，应将传感器送回工厂进行检修。

⑤ **雨量传感器** 雨量传感器在现场使用过程中应定期进行维护保养，以防风沙及其他因素而影响正常使用。时间为一个月，如遇特殊环境影响，可根据实际情况进行维护保养。

⑥ **土壤水分传感器维护** 如果使用得当，仪器无需特别维护，需要注意的是，播种或者收割的时候应将传感器从土壤里拔出，避免损坏；操作完成后再将传感器插入土壤。

⑦ **地温传感器维护** 室外站的地温棒和延长线淹没在水中或土壤中，工作人员应当避开施工；室内站无延长线，地温棒直接固定于站体底部土壤中，无需特别维护。

⑧ **液位传感器维护** 由于土壤的挤压作用以及农作物的遮挡可能会导致测量点失准，造成测量错误。应当定期整理测量点土壤形状、清理测量点附近的农

作物，确保测量值能够准确代表整块水田的液位情况。

⑨ **pH 传感器维护** 仪器的输入端（测量电极插口）必须保持干燥清洁，防止灰尘及水汽浸入；应避免将电极长期浸在蛋白质溶液和酸性氟化物溶液中，避免与有机硅油接触；电极长期使用后，如发现斜率略有降低，可将电极下端浸泡在 4%HF 溶液（氢氟酸）中 3~5s，然后用蒸馏水洗净，再用 0.1mol/L 盐酸浸泡，使电极复新；为使测量更精确，须经常对电极进行标定以及用蒸馏水清洗。

（2）网络系统维护

采用有线方式时，应注意如下两点：

① 定期检查设备与交换机之间网线的连接情况。

② 分配给站点的 IP 地址不能再用于其他设备。

（3）设备程序更新

HY1001、HY1003 程序可通过本地串口进行下载更新。更新程序需要在 PC 运行专用下载工具软件，操作如下：

① 运行串口下载程序工具软件 V2.4A，软件将自动打开设备串口，并进入软件主界面（图 7.9）。

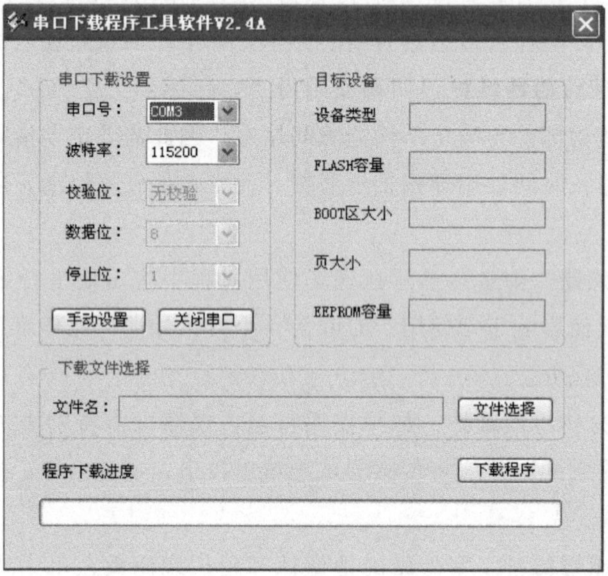

图 7.9 软件主界面

② 点击"文件选择"按钮选取相应的下载文件，如图 7.10 所示。

③ 点击"下载程序"按钮，开始下载程序，如图 7.11 所示。

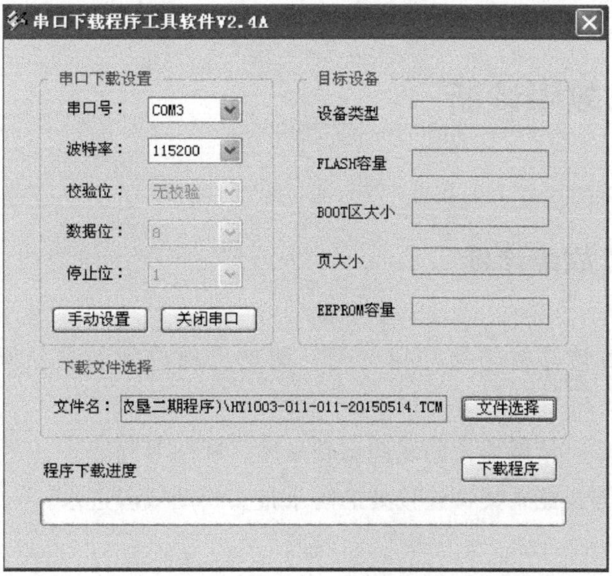

图 7.10　选择下载文件

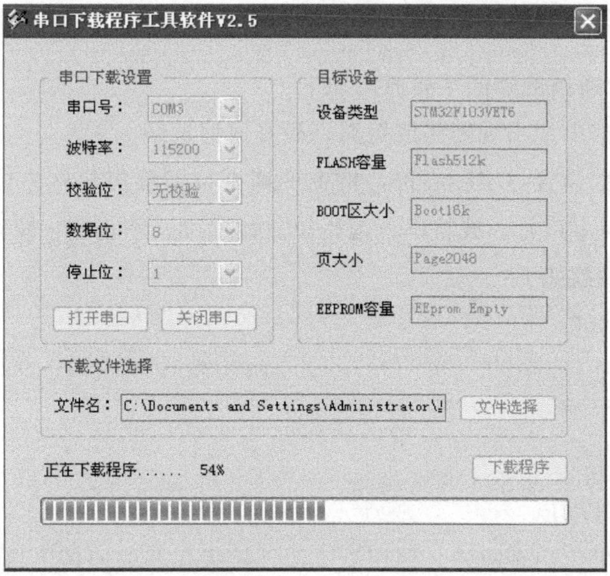

图 7.11　下载程序

④ 下载状态区显示程序下载进度和参数下载进度。程序和参数下载成功后，系统提示下载结束，进度条读到 100%，并且"开始下载"按钮重新亮起。采集器程序下载成功后，采集器自动重启。

7.7 常见故障诊断

7.7.1 测量故障诊断

系统通过各传感器采集环境变量,测量出现故障的主要原因,包括以下内容:

① 线缆故障,传感器之间线缆出现短路、断路等问题。

② 传感器与智能采集器连接处的防水接头松动或者进水。

7.7.2 通信故障诊断

7.7.2.1 本地通信故障诊断

站点与 PC 通信故障的主要原因如下。

① 串口通信电缆出现断路或短路,检查通信电缆。

② 串口参数设置与实际不符,检查计算机数据收集软件串口参数是否与实际相符,包括:串口号、波特率、起始位、数据位、停止位、校验位等,便携站出厂默认串口参数如下:

波特率:9600;

起始位:1;

数据位:8;

停止位:1;

校验位:NONE。

③ 采集器串口出现故障,使用测试线连接采集器的通信串口和计算机串口,检查采集器的通信串口是否正常。

注:本地计算机串口出现异常,可更换计算机串口进行测试。

7.7.2.2 RS485 通信故障诊断

主采集器和智能采集器之间 RS485 通信故障的主要原因为 RS485 电缆出现

断路或短路，检查通信电缆。

7.7.2.3 通信服务器故障诊断

TG04-M 安装在便携站采集器机箱内，主要包括通信服务器、通信服务器天线和 SIM 卡。如中心站软件无法接收到 TG04-M 上报的数据，需要从以下几个方面进行排查：

① TG04-M 供电是否正常；

② SIM 卡应是否开通 GPRS 业务、预存话费是否有余额；

③ SIM 卡应安放在通信服务器的 SIM 卡插槽中，安装朝向是否正确；

④ TG04-M 与采集器之间的通信线是否连接可靠，线序是否正确；

⑤ 天线与通信服务器连接是否可靠；

⑥ 安装地点基站信号是否正常；

⑦ TG04-M 设置的区站号、IP 地址、端口号是否与目标服务器一致；

⑧ TG04-M 状态指示灯说明设备上电启动运行时，绿色指示灯亮起，约 10s 后熄灭，表示设备上电正常。

运行过程中状态指示灯（绿色）有六种状态。

常亮：设备上电正常（只出现在设备上电启动后）；

常灭：关闭模块；

一秒一闪：设备正在查找网络；

三秒一闪：设备正常找到网络；

一秒两闪：设备正在激活 GPRS 并连接 TCP；

三秒两闪：设备已经与中心连接正常。

网络指示灯（红灯）状态是通信模块找网指示，其状态如下。

一秒一闪：设备正在查找网络；

三秒一闪：设备正常找到网络。

7.7.3 电源系统故障诊断

① 检查线缆外皮是否破损、接头是否松动。

② 万用表测量采集器电源电压值，查看是否满足系统需求。

③ 测量蓄电池电压值，检查电池是否老化、欠压。

④ 在天气晴好的白天测量太阳能板电压值，检查太阳能板工作是否正常，是否能为蓄电池充电。

第 8 章

自动气象站维护与故障维修

8.1 传感器安装要求与维护

（1）温湿度传感器安装要求与维护

安装：气温、湿度传感器安装在百叶箱内的专用支架上，专用支架固定于百叶箱箱底中部；气温、湿度传感器感应部分垂直向下，固定在支架东侧相应位置上，感应元件的中心部分距地高度150cm。传感器电缆要连接、固定牢靠。湿度传感器启用前取下感应部分保护套。CAWSmart 型智能温湿度传感器必须与节点控制器对应使用，气温控制器靠南，湿度控制器靠北，然后将气温、湿度两种传感器与它们对应的节点控制器用指定线缆连接；接入节点控制器的线缆需按照节点控制器相关接口定义进行接入，不要接错。WUSH-PWS10 型智能气温测量仪和智能湿度测量仪对应的电源通信控制器分别通过安装支架安装在测量仪相应的两侧。

维护：定期用干布或毛刷清洁传感器，保持其清洁干燥。维护时，注意避开正点数据采集；百叶箱门打开时间不宜过长，身体部位尽量远离感应部分以免影响观测数据的准确性。防止湿度传感器的感应部分附着水、灰尘等污染物，禁止手触摸感应部分。定期检查传感器和线缆连接处是否松动。按业务要求定期进行检定，温度检定周期应不超过 2 年，湿度检定周期不超过 1 年。

(2) 风向、风速传感器安装要求与维护

安装：风向、风速传感器安装在风杆或风塔上。安装风传感器的横臂应呈南北向，风速端在正南，风向端在正北，风向传感器的指南（北）针与横臂平行，风杯中心和风向标中心距地高度 10～12m。风杆自带避雷针宜高出传感器至少 0.5m，非智能气象站中用 $16mm^2$ 接地线将避雷针的垂直引下线与独立避雷接地体连接（注意勿连接观测场地网）。CAWSmart 型风传感器安装时将节点控制器安装到风杆顶部位置；风横臂用对应线缆与风节点控制器相连；用穿线器将风节点控制器到主机箱的线缆从风杆顶部对应孔位穿入，从风杆底部主机箱下方孔位穿出备用。WUSH-PWS10 型安装时，葫芦支架要严格按照顺序安装，手动葫芦在使用过程中绝对不允许长时间将挡位拨在空挡（中间位置），操作时人在侧面操作，不得位于风杆下面，以免出现人身安全事故；如果风杆不是正东西倒向，需根据底座实际的方位角和当地的磁偏角调整风向传感器使指北针指北。

维护：定期对风向、风速传感器进行全面维护。维护时检查连线外皮是否有老化和破损现象；检查线缆接头是否有短线或松动现象；清洁风传感器部件；检查、校准风向标、风横臂方位；检查避雷针结构是否牢靠。其余维护时间，目测风杯和风向标转动是否灵活、平稳，是否有破损；发现异常时，及时处理。风杆底座应稳固，风杆应垂直、无明显倾斜、无锈蚀。WUSH-PWS10 型维护前请确保切断设备电源；将采集箱内采集器电源和电池连接线（或电源箱）断开，取出蓄电池；每年不得少于两次安全巡检，以及大风过后安全巡检。

(3) 雨量传感器安装要求与维护

翻斗式雨量传感器安装：翻斗式雨量传感器安装在特制支架上（支架高约 10cm），雨量传感器的承水口须保持水平，距地面的高度不应低于 70cm，以 70cm 为宜。安装时应调节传感器底座使水平气泡在中心圆圈内。非智能自动气象站中使用 $16mm^2$ 接地线将仪器接地端子就近与观测场防雷地网连接。CAWSmart 型智能自动气象站需将智能雨量测量仪与雨量节点控制器用指定线缆连接后，安装节点控制器转接板、雨量节点控制器及智能雨量测量仪。注意：节点控制器要正朝南；接入节点控制器的线缆需按照节点控制器相关接口定义进行接入，不要接错。WUSH-PWS10 型雨量单元由智能翻斗雨量传感器、电源通信控制器及相应的安装附件组成。电源通信控制器通过转接件安装在雨量支架上，太阳能电池板方向朝向南侧。

称重式降水传感器安装：称重式降水传感器（非智能自动气象站）安装在混凝土基座上（高出地面 3～5cm），承水口距地面高度为 120cm 或 150cm；防风圈高于承水口约 2cm，防风圈开口朝北。电源和数据线接到自动站采集器相应的接线端子上。根据各地最低气温历史资料，添加相应配比的防冻液和抑制蒸发油。抑制蒸发油应采用航空液压油，加入量应能完全覆盖液面。

翻斗式雨量传感器维护：维护期间，应将信号线从传感器上拆下，避免翻斗误翻产生多余的雨量数据。定期检查雨量传感器的安装高度，检查传感器底盘上的水平泡，检测器口是否水平、有无变形，发现不符合要求时及时纠正；维护过程中应避免碰撞承水器的器口，防止器口变形而影响测量准确性。定期检查承水器，清除进入内部的杂物，检查过滤网罩，防止异物堵塞进水口。定期检查和清除漏斗、翻斗和出水口沉积的泥沙，保证流水畅通，计量准确，可用干净的脱脂毛笔刷洗。翻斗内壁切勿用手触摸，以免沾上油污影响翻斗计量准确性。定期检查翻斗翻转的灵活性，发现有阻滞感，应检查翻斗轴向工作游隙是否正常，轴承如有微小的尘沙，可用清水进行清洗；翻斗轴如有变形或磨损，应更换轴承，用万用表检查干簧管是否正常。切勿给轴承加油，以免粘上尘土使轴承磨损。结冰期停用翻斗雨量传感器的台站，应将承水器加盖，断开信号线；启用前接回信号线，将盖打开。按业务要求定期进行校准，校准周期应不超过 1 年。

称重式降水传感器维护：维护之前应先断开称重式降水传感器电源，拔下数据线；维护完毕后，再接上数据线和电源线。定期检查承水口水平、高度，检查内筒内液面高度，发现不符合要求时及时纠正。定期检查清洁仪器，清除承水口的蜘蛛网及其他堵塞物。如遇有承水口沿被积雪覆盖，应及时将口沿积雪扫入桶内，口沿以外的积雪及时清除。每次较大降水过程后及时检查，防止溢出。预计将有沙尘天气但无降水，应及时将桶口加盖；沙尘天气结束后及时取盖。降水过程中，因降水量较大可能超过量程时，应在降水间歇期及时排水。每月检查供电设施，保证供电安全。每年春季对防雷设施进行全面检查，复测接地电阻。按业务要求定期进行校准，校准周期应不超过 1 年。

(4) 气压传感器安装要求与维护

安装：气压传感器安置于自动气象站的采集器箱内部，传感器感应部分中心距地高度应便于操作，建议与所属行政区划内的国家级站点气压传感器距地高度保持一致。

维护：安装或更换气压传感器应在断电状态下进行。气压传感器应避免阳光的直接照射和风的直接吹拂。保持静压气孔口畅通，以便正确感应外界大气压力。对于配有静压管的气压传感器，要定期查看静压管有无堵塞、进水，发现静压管有异物或破损时应及时处理或更换。对于使用带干燥剂静压管的传感器，要定期检查干燥剂颜色，若潮湿变色应及时更换。每年春季对防雷设施进行全面检查，复测接地电阻。按业务要求定期进行检定，检定周期应不超过1年。

（5）雪深仪安装要求与维护

安装：观测地段应符合以下要求，能反映本地较大范围内的降雪特点；平坦开阔的自然下垫面；避开低洼、风口、易发生积水的地段；布设在最多风向的上风方。预置混凝土基础，与地面齐平；预埋件与接地体连接，基础中预留电源、信号管线。雪深仪支架应牢固安装在混凝土基础上。测距探头距地面垂直高度为150cm或200cm（可根据历史雪深最大记录选取）。超声波式雪深仪测距探头水平向下，激光式雪深仪测距探头朝西，测量路径上应无任何遮挡。

维护：入冬前，应检查雪深仪供电、防雷接地、数据线连接等情况。平整好雪深观测地段，清除杂草，标定基准面，校准测距探头的高度。采用超声波式雪深仪时，要校准测距探头水平。雪深仪工作期间，定期检查设备外观、运行情况，保持基准面平整，禁止任何物体进入观测区域。定期检查超声波测距探头干燥剂，若失效应及时更换；定期检查并保持激光测距探头的清洁。雪深仪长时间不用时，断开电源线和数据线；清洁激光测距探头，加防护罩，定期给蓄电池充放电。每月检查供电设施，保证供电安全。每年春季对防雷设施进行全面检查，复测接地电阻。按业务要求定期进行检定，检定周期应不超过1年。

（6）蒸发传感器安装要求与维护

安装：通风防辐射罩位于蒸发桶北侧，门朝南，两者中心相距3m。安装蒸发桶时，力求少挖动原土。蒸发桶口缘应水平，并高出地面30cm。防塌圈的外径应为181.8cm，内径应为161.8cm。向蒸发桶内注水时，应特别注意将连通器管道内的空气完全排出，以免影响测量的准确性。水圈与蒸发桶必须密合，其高度应低于蒸发桶口缘5~6cm。水圈与地面之间的土圈应取与坑中土壤相接近的土壤填筑，其高度应低于蒸发桶口缘约7.5cm。在蒸发桶四周砌筑防塌圈，可用预制弧形混凝土块拼成，或用水泥、砖块砌成，外露面贴白瓷片。在防塌圈东北方向，应留一个长约40cm、宽约25cm的缺口，以便于业务人员测量和检查。

维护：蒸发传感器（非智能自动气象站）维护期间，应当暂停蒸发观测，维护完成后再启动，防止因维护操作而引起数据异常。维护尽量选择蒸发量小的时段。定期清洁通风防辐射罩。蒸发桶定期清洗换水，检查清理不锈钢测量筒内的异物，一般每月1次。蒸发桶内水位过低时应及时加水，水位过高时应及时取水，以免影响测量准确性。定期检查蒸发器的安装情况，如发现液面不水平、高度不符合要求等，要及时予以纠正。每年在汛期前后（冰冻期较长的地区，在开始使用前和停止使用后），应各检查1次蒸发器的渗漏情况；如果发现问题，应进行处理。停用后，把电缆插头拔掉，将传感器探头取出放到室内。超声波蒸发传感器测量精度高，安装尺寸要求非常严格，切勿撞击或用手触摸超声波传感器的探头。每年春季对防雷设施进行全面检查，复测接地电阻。按业务要求定期进行检定，检定周期应不超过2年。

（7）光电式数字日照计安装与维护

安装：日照计（非智能自动气象站）应固定安装在开阔的、终年从日出到日落都能受到阳光照射的立柱台座上，底座应稳固，保持立柱台座长期处于水平状态。日照计中心距地高度150cm，光学镜筒口对准正北，按照当地纬度调节日照计仰角。如安装在观测场内，须将日照计安装在观测场的南端，以免其他观测仪器影响其测量。如果观测场没有适宜地点，可安装在平台或附近较高的建筑物上。受环境所限，不采用150cm立柱安装日照计时，其安装高度可以根据实际情况调整，以便于操作为准。

维护：定期检查光筒玻璃罩是否清洁，如有灰尘、雨、雪、水汽凝结物应及时用软布将光筒擦净。每周定期检查日照计内干燥剂状况，注意及时更换。定期查看设备的各个部分是否被腐蚀或者自然损坏，尤其是在自然条件较为恶劣的地区。如果有损坏或者腐蚀应当立即进行处理、更换相关部件。每月检查仪器的水平、方位、纬度等是否正确，发现问题，及时纠正。每月检查供电设施，保证供电安全。每年春季对防雷设施进行全面检查，复测接地电阻。按业务要求定期进行校准，校准周期应不超过2年。

（8）地温传感器安装要求与维护

地面温度和浅层地温传感器安装：场地位于观测场西南侧，为200cm（南北向）×400cm（东西向）疏松平整的裸地。地面温度和浅层地温传感器安装在专用支架上，支架中心位于地温场东西向中心线上、南北向中心线东侧20cm处（如果安装双套自动站，备份站传感器位于西侧20cm处）；支架的零标志线与地面齐平，传感器感应部分朝南。地面温度传感器一半埋入土中，一半露出地面。埋入土中的感应部分与土壤必须密贴，不可留有空隙，露出地面的感应部分要保持干净。

深层地温传感器安装：场地位于观测场的东南侧，为300cm（南北向）×400cm（东西向）的自然场地（有自然覆盖物，不长草的地区除外）。自东向西分别为40cm、80cm、160cm、320cm，传感器之间间隔50cm，安装在同一条直线上。安装双套自动站的台站，备份站深层地温传感器安装要求与现用传感器相同，位于现用传感器南侧 50cm 处。

草面（雪面）温度传感器安装：安装在地面温度和浅层地温场西侧 50cm 处，草地面积约 $1m^2$。传感器安装在距地 6cm 高度处，并与地面大致平行。感应部分朝南。

当有积雪但未淹没传感器时，继续进行观测。当积雪淹没传感器时，将传感器置于原来位置的雪面上，这时测量雪面温度，并备注起止时间。积雪融化后，继续观测草温。

观测场无草层的台站，仍按上述方法观测。

维护：雨后及时耙松地面温度和浅层地温传感器场地板结的地表土，保持疏松、平整、无草；保持草面（雪面）温度传感器观测场草株高度不超过 10cm。深层地温的观测地段应与观测场地面齐平并保持同样的下垫面。若有洼陷，应及时垫平并移植与观测场现有草层同高的草层（不长草的地区除外）。铂电阻地面温度传感器被积雪埋住时仍按正常观测，但应备注起止时间。保持地面温度传感器和草面（雪面）传感器的清洁干燥，当有露、霜或灰尘等附着时，宜在早晨用干布或毛刷清理干净。保持深层地温传感器套管内干燥。测量雪面温度时，保持草面（雪面）传感器始终置于积雪表面上。每年春季对防雷设施进行全面检查，复测接地电阻。按业务要求定期进行检定，检定周期应不超过 2 年。

(9) 冻土自动观测仪安装要求与维护

安装：冻土自动观测仪安装在观测场内南侧靠东区域，深层地温观测位置的南面 50cm 处，与深层地温外套管平行布设冻土传感器外套管。依据台站所观测到最大冻土深度的历史资料，分以下 3 种方式进行安装。

① 当台站最大冻土深度小于 150cm 时，只需在对应 80cm 地温分采南侧 50cm 处安装一根 150cm 外套管，将长度 0～150cm 冻土传感器插入外套管中。

② 当台站最大冻土深度大于 150cm 且小于 300cm 时，分两段进行安装，在对应 80cm 地温分采和 160cm 地温分采南侧 50cm 处分别安装长度为 150cm 和 300cm 的外套管，将长度 0～150cm 和 150～300cm 冻土传感器插入外套管中。

③ 当台站最大冻土深度大于 300cm 且小于 450cm 时，分三段进行安装，在对应 80cm 地温分采、160cm 地温分采和 320cm 地温分采南侧 50cm 处分别安装长度为 150cm、300cm 和 450cm 的外套管，将长度 0～150cm、150～300cm 和 300～450cm 冻土传感器插入外套管中。

外套管采用钻孔法进行安装，使外壁与土壤保持紧密接触，并避免产生自然沉降。传感器测量单元 0cm 位置刻度须与地表面高度保持一致。电源箱安装在地温分采东侧60cm处（设备间距），且与地温分采东西成行排列，基础预埋件用混凝土浇筑，外露面平整光洁，基础中预留2根Φ30mm的PVC管，从水泥基础的底部通向地沟，基础大小和安装高度与地温分采一致。电源箱安装在立柱上，箱门朝北。

非冻土期维护：冻土传感器可断电停用，启用前需检测蓄电池电压。冻土期前一个月左右，对传感器进行全面检查，查看外套管中有无积水、杂物；外套管与土壤接触是否紧密；传感器内管、外管的0线与地面是否齐平等。如发现问题，应及时处理。冻土传感器的校准周期为2年，必须在冻土期前一个月完成校准，并安装回原处等待启用。冻阻式传感器在冻土期前对其内管进行冲洗和注水，内管中避免余留气泡；冻土期结束后，将内管水放掉，并冲洗晾干回收放置或安装回原处。注意防止杂物等落入外套管内。

冻土期维护：定期通过传感器状态灯查看设备运行、通信状态。定期查看设备各连接部分是否损坏或腐蚀，自然条件恶劣地区应缩短查看周期；如损坏或腐蚀应及时进行处理、更换。每周检查供电设施，保证交流电、电源转换控制模块和蓄电池供电正常；定期对蓄电池进行充放电。每年雷雨季前对防雷设施进行全面检查，复测接地电阻。冻土自动观测仪故障、维修和数据处理等情况需备注。冻阻式传感器补水维护时，应错开正点并避免内管中留有气泡。

（10）前向散射能见度仪安装要求与维护

安装：前向散射能见度仪（非智能自动气象站）安装在混凝土基座上（高出地面3～5cm）。接收器和发射器的横臂成南北向，保持水平，底座牢固可靠；采样区域中心距地280cm。接收器在南侧，发射器在北侧。避免光学系统朝向强光源和朝向诸如雪或沙之类的反射表面，高纬度地区要加遮光罩。

维护：维护中，操作员切忌长时间直视发射端镜头，避免损伤眼睛；巡视时，应避免用手电筒等光源直接照射能见度仪采样区域。定期巡视能见度仪，发现传感器附近（尤其是采样区）有蜘蛛网、鸟窝、灰尘、树枝、树叶等影响数据采集的杂物，应及时清理。出现大风、沙尘、降雨（雪）等易污染的天气后，应及时清洁。每月检查供电设施，保证供电安全。每3个月要对蓄电池进行充放电1次。每两个月定期清洁传感器透镜，可根据设备附近环境的情况，延长或缩短擦拭镜头的时间间隔，清洁时，用柔软不起毛的棉布或脱脂棉蘸无水乙醇擦拭透镜。注意不要划伤透镜表面。每年春季对防雷设施进行全面检查，复测接地电阻。按业务要求定期进行现场核查。

(11) 地基闪电定位仪安装要求与维护

安装：地基闪电定位仪周围应尽量避免产生观测频段（1～450kHz）的电磁干扰，电磁噪声应小于闪电定位仪雷电接收机的阈值范围。四周障碍物对探测天线形成的遮挡仰角不得大于10°。预置混凝土基础，高出地面3～5cm，外露面平整光洁；预埋件与接地体连接，基础中预留电源、信号管线。设备在安装过程中应注意检查、调整底盘和天线水平。设备方位标志必须对准正北，方位误差应为±0.25°内。

维护：每月定期对室内电源、通信模块、观测设备进行检查维护，灾害性天气发生后，应及时进行检查维护。每月检查供电设施，保证供电安全。每年应检查一次干燥剂是否失效，失效时应及时更换。每3年应检查一次密封海绵垫圈的密封性，电解电容失效时应及时更换。

(12) 降水现象仪安装要求与维护

安装：降水现象仪（非智能自动气象站）应安装在没有干扰光学测量的遮挡物和反射表面影响的地方，远离产生热量及妨碍降水采集的设施，避免闪烁光源、树荫及污染源的影响。立柱牢固安装在混凝土基础上，传感器安装在立柱上，传感器南北向安装，接收端在南侧，发射端在北侧。支架（横臂）应水平，采样区域中心距地高度200cm。

维护：维护时应关闭传感器，如不能关闭，戴上保护镜，勿直视激光器，以免损伤眼睛。定期检查降水现象仪，发现采样区有蜘蛛网、鸟窝、灰尘、树枝、树叶等影响数据采集的杂物，应及时清理。每月检查供电设施，保证供电安全。每三个月定期清洁激光发射和接收装置，用柔软不起毛的棉布或脱脂棉蘸无水乙醇擦拭窗口玻璃，注意不要划伤玻璃表面，如果窗口加热功能良好，其表面将很快变干，勿用其他物品清洁。根据设备附近环境的情况，延长或缩短维护的时间间隔，遇沙尘、降雨（雪）等易污染天气时，应及时清洁。每年春季对防雷设施进行全面检查，复测接地电阻。按业务要求定期进行现场核查。

(13) 天气现象视频智能观测仪安装要求与维护

安装：天气现象视频智能观测仪及其辅助观测目标物的布设区域约为200cm（东西向）×400cm（南北向）。立柱牢固竖立在混凝土基础上，高度280cm（±10cm）。在仪器立柱南面设置一个地面集中观测区，用于安装结冰容器、电线积冰架、专用雪深尺等辅助观测目标物。电线积冰架支架材质为铝或不锈钢，选用直径26.8mm、长度100cm的220kV电力传输电缆为导线，导线固定在支架上，距地面1.5m高度的位置。电线积冰支架距离基础中心165cm。专用雪深尺圆柱形，金属材质，采用厘米刻度，距离基础中心330cm。结冰容器放置于电线积冰支架下方的自然下垫面上。独立鱼眼镜头高清摄像机安装在立柱顶端向东伸出的平台上，长焦镜头高清摄像机和短焦镜头高清摄像机朝南面向地面集中观测区，分别安装于立柱向西伸出的距地210cm、180cm的平台上。

维护：每周检查摄像机镜头的遮挡和污染情况，若有遮挡或污染应及时清理，清理应在日出前或日落后进行。清洁摄像机镜头时，护罩式镜头可用柔软不起毛的棉布或脱脂棉蘸无水乙醇直接擦拭镜头玻璃，鱼眼镜头可先用清水冲洗表面浮尘与沙粒，再用柔软不起毛的棉布或脱脂棉蘸无水乙醇擦拭镜头，注意不要划伤玻璃表面，勿用其他物品清洁。可根据设备附近环境的情况，延长或缩短维护的时间间隔（遇沙尘、降雪等影响观测时，应及时清洁）。每月定期检查摄像机的水平、方位和倾角，检查立柱是否稳固，检查辅助观测目标物是否稳固，发现问题及时纠正，避免振动等对摄像机拍摄产生的不良影响。每月检查地面集中观测区自然下垫面及露、霜目标物草地状况，保持平整良好。每月检查供电设施，保证供电安全。每年春季对防雷设施进行全面检查，复测接地电阻。结冰容器应尽可能使用代表当地自然水体（江、河、湖）的水，器内水量不足时需及时添加；专用量雪尺应保持竖直，刻度零线与地面集中观测区自然下垫面齐平。结冰容器、专用雪深尺、电线积冰支架上的观测导线等非结冰期时应收回室内妥善保管，结冰期开始前按照要求及时布设安装。定期更换设备易损件，尤其是在自然条件较为恶劣的地区，如果损坏或腐蚀应及时进行处理、更换。

8.2 几种常见自动气象站故障分析及应用

（1）维修前准备

维修站点前需要提前掌握中心站传输地址，站点的区站号，站点位置，异常情况，设备性能要求，常用调试命令等基本信息，路途较远还需做好行程规划。

带好常用工具及设备配件，主要包括笔记本电脑、主板、天线、万用表、干簧管、设备传感器、数据线、备份数据卡以及串口线、调试线、直流电源、酒精、电烙铁等。特别需要注意的是在设备重新启动前一定要做好对时工作，为后续判断设备状态做好前期保障。

(2) 故障的初步判断

中心站或客户端程序在显示数据同时也提供了设备的电压值,设备的在线状态,以及数据的完整性。可以通过中心站向站点发送命令的方式了解站点的状态等信息,也可通过登录数据应用平台的方式查看数据极值显示并判断数据的准确性;亦可通过拨打内置传输通信卡的形式,来判断站点通信故障等。还可借助站点客户端软件中的到报率统计功能掌握站点的数据传输情况,数据应用平台展示如图 8.1 所示。

图 8.1 数据应用平台截图

8.2.1 华云系列自动气象站典型故障及维修方法

8.2.1.1 通信问题

(1) 站点无法登录 GPRS

站点无法登录 GPRS 的原因大致有以下几种情况,需要按照顺序分别进行检查。

检查 SIM 卡是否欠费及是否开通 GPRS 业务;GPRS 相关参数(IP 地址、端口号等)是否配置正确;设备硬件连接是否正确,包括天线、SIM 卡座连接等。检查网络信号强度,如果信号太弱,可能导致无线数据传输误码率增大,从而导致不能登录 GPRS 数据网络。特殊情况下可能因为无线网络数据信道拥挤,暂时登录困难，尤其在偏远地区，语音信道和数据信道要共用无线通信资源，数据信道资源更有限，可能造成暂时登录困难。也可能由于通信部门无线基站暂时故障、基站通信协议更新问题，导致暂时不能登录。若以上情况均不是，则可能是设备硬件出现故障。

（2）站点无法与中心站建立连接

站点无法与中心站建立连接大致有以下几种情况，需要按照顺序分别进行检查。

站点设备不能登录 GPRS 网络；站点设备 GPRS 参数（IP 地址，端口号等）配置与中心站参数不符合；中心站软件没有正常启动；通信部门无线网关出现问题，导致自动站点终端设备不能和中心站静态 IP 主机建立通信连接；新站服务器静态 IP 地址绑定，端口映射，虚拟网映射是否有问题。

（3）中心站显示某个站点没有在线

显示某个站点没有在线说明设备目前没有和中心站软件建立 GPRS、TCP 通信连接，中心站对应端口可能无法访问。可能是站点设备暂时通信中断，也可能是由于电信部门无线数据通信网关出现问题，或者是无线基站设备资源出现暂时紧张，导致 GPRS 通信连接中断，当然也可能是因为站点在一段时间内数据链路空闲被无线网络强行拆除数据连接，凡是由于上述情况带来的中断，一般等待一段时间后可以自行恢复。

若无法自行恢复，需检查 SIM 卡是否欠费及是否开通 GPRS 业务；GPRS 相关参数是否配置正确；设备硬件天线、SIM 卡座连接是否正确等；检查网络信号强度，如果信号太弱，能导致无线数据传输误码率增大，从而导致不能登录 GPRS 数据网络。特殊情况下可能因为无线网络数据信道拥挤，暂时登录困难，因为语音信道和数据信道要共用无线通信资源，尤其在偏远地区，数据信道资源更有限，可能造成暂时登录困难。可能是设备参数丢失或中心站软件参数配置错误造成没有上线显示。确认自动站点的供电是否中断，包括交流电源供电和太阳能供电，在太阳能供电方式下，如果出现连续阴雨天气，可能造成系统蓄电池供电电压不足情况，导致系统不能正常工作。或者在现场通过串口获取设备参数，检查是否有异常，尤其是 GPRS 通信相关参数包括 IP 地址、端口号等。

（4）网络指示灯异常

自动气象站设备正常启动情况应为系统通电后绿色的电源指示灯将被点亮，随后听到蜂鸣器发出连续两声蜂鸣声，表示设备通电启动成功，设备通电后网络灯由一秒一闪变为三秒一闪，通过测试与中心站连接成功，或通过串口观察上报数据成功，中心站有回应，或与中心站联系确认小时数据上报成功，心跳数据传输无误，此时证明终端设备与中心连接成功。开机后网络指示灯一直一秒周期闪烁，表示设备网络登录故障，通过检查天线连接，用手机查看现场是否信号过弱，检查天线从机箱内装配是否合理，清理 SIM 卡连接触点，确认该 SIM 卡正常，可以按照这个流程进行分析和判断。

国家地面天气站系统通电后，电源指示灯处于正常状态，并能够听见嘀嘀两声（旧设备无蜂鸣器），代表设备初始化部分已正常通过。

观察网络信号指示灯，初始加电后，该信号指示应从 S0 状态到 S1 状态，搜寻网络信号并登录网络，最多不超过 30s 应该进入 S3 状态，代表无线网络登录正常。

状态 S0：指示灯熄灭，表明设备正在关闭无线通信模块，准备复位无线通信模块。

该状态持续不应超过 20s，如果出现长时间在此状态下的情况，可能出现无线通信模块硬件故障或其他硬件故障。

状态 S1：每 1s 闪烁一次，表明设备无线模块正在搜寻无线网络信号，试图登录网络，此时设备肯定不能进行正常数据通信，该现象可发生在设备初始通电过程中，也可能出现在设备工作过程中，有两个原因可导致在设备工作过程中出现该现象：一是设备无法激活 GPRS 通信方式，重新启动无线模块；二是无线网络信号丢失，设备无线模块重新搜寻网络信号。

该状态持续最多不应该超过 30s，如果出现长时间在此状态下的情况，可能有如下几方面原因：电信部门无线网络服务故障、该设备中的外接天线连接不好、SIM 卡接触不好、SIM 卡自身已经损坏，不能正常工作、无线通信模块硬件故障。

状态 S3：每 3s 闪烁一次，代表设备能够正常接收到无线网络信号，设备已正常登录无线网络，具备激活 GPRS 无线通信和收发 GSM 短信通信的基本条件，也只有在此状态下，设备才有可能与中心站实现数据通信，但该状态只是表明系统登录 GSM 网络正常，并不表明登录 GPRS 网络正常，如果系统不能长期保持该状态，表明 GPRS 登录存在问题，系统正常工作时应保持在该状态。

网络指示灯长时间处于一秒一闪注册状态，中间间歇熄灭几秒，说明系统不能注册登录到无线通信网络，请做如下检查工作：检查天线、SIM 卡座连接情况，是否连接可靠。检查 SIM 卡是否损坏，可将卡卸下放到手机上检测。确认 SIM 卡是否欠费停机。检查网络信号强度，可通过手机信号推断。

如果上述情况确认无误，仍然不能注册登录无线网络，说明系统无线通信模块可能出现故障。极特殊情况下是采集器电路板损坏。

网络指示灯等处于不规则的频闪状态，偶尔伴有蜂鸣器长鸣，可能原因：电源工作电压不足或者不稳定，请关闭设备电源开关，确认电源供电情况正常后重新通电。网络指示灯一直不亮，而且每隔2s听到嘀的一声响，说明系统工作参数丢失，或者初次加电开机，系统正在进行初始化工作，持续2min左右。

网络灯在设备通电后一直未能点亮，请做如下检查工作：检查系统供电部分，确认交流供电或太阳能供电部分工作正常，蓄电池电压正常。检查电源控制板是否工作正常。如果确认供电部分没有问题，而且系统加电后能听到嘀嘀两声响，但灯不亮，说明网络指示灯故障。

如果确认供电部分没有问题，而且系统加电后不能听到嘀嘀两声响，灯也不亮，说明系统电路板出现故障。

（5）设备连续多个小时没有上报数据

通过短信或者在现场通过串口获取设备参数，检查是否有异常，尤其是GPRS通信相关参数包括IP地址、端口号等。这样可以大致判断是否为设备供电问题。

判断自动气象站点的供电是否中断，包括蓄电池电压和太阳能供电，在太阳能供电方式下，如果出现连续阴雨天气，可能造成系统蓄电池供电电压不足，自动气象站电池电压低于5.5V，DY07会进行保护，设备停止运行，导致系统不能正常工作。

通过自动站维护管理软件，检测主板及参数设置情况，判断能否登录激活GPRS通信服务。

检查确认中心站软件是否正常工作，各站点数据是否正常入库。

（6）设备天线损坏、接触不好或者天线朝向不对造成数据缺测

天线问题可能导致设备不能正常登录GPRS网络，所以中心站软件显示设备不在线，数据上报不正常。

由于天线问题导致通信质量不好，误码率高，所以自动站点与中心站的无线通信连接有时会时断时续，不稳定，时而在线，时而掉线。

通过短信命令和设备联系时，会出现设备无回应或回应速度慢的现象。

在现场站点观察设备网络灯状态大部分时间为一秒一闪，表明设备频繁地登录注册网络。这种情况下需要更换天线。

(7) 主 IP 无状态、无数据，从 IP 有状态、无数据

主 IP 由 COMM00 参数设置，包含所有的控制权限，能够设置 HY-TG04 （814）的工作参数，能够进入透明模式，直接透过 HY-TG04 （814）对采集器进行操作，能够使用管道命令，以单条命令的方式透过 HY-TG04 （814）对采集器进行操作。

多 IP 的工作机制，建立连接和上线：设备会从主 IP 开始依次对主从 IP 建立连接和发送注册包。数据主动发送：HY-TG04 （814）通过 CMD 命令列表（如 UC 命令）获取采集器数据后，会依次主动发送数据到主从 IP，并分别等待主从 IP 的回应。如接收到回应，则数据将不再发送；如任意 IP 没有接收到回应，则相应的 IP 将进入掉线重连机制，并重新发送数据，直到数据有回应为止。通过确认和补发机制，能够保证各个 IP 的正点数据完整（图 8.2）。

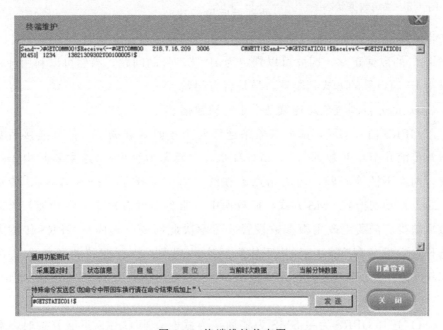

图 8.2　终端维护状态图

通过以上机制推断，既然从 IP 有状态，说明从 IP 地址设置正确，而主 IP 无状态、无数据的原因可能是中心站故障，也可能是本地 COM00 端口设置错误造成的。

(8) 主 IP 无状态、无数据，从 IP 有状态、有数据

从 IP 的权限和功能：从 IP 有 COMM04 参数设置，没有任何控制权限，仅能作为主 IP 的备份数据传输，无法设置 HY-TG04 （814）参数。无法进入透明

模式，控制采集器。无法使用管道命令，控制采集器。

根据以上分析，说明数据已经进入主 IP 服务器，没有显示数据的原因在于端口号设置错误，通过终端维护。

（9）主 IP 有状态、无数据，从 IP 有状态、无数据

图 8.3 是查询数据时发现主 IP 有状态、无数据，从 IP 有状态、无数据，具体时间为 2017 年 11 月 16 日凌晨 3 点 20 分以后，分析其具体原因，应该是主服务器故障导致，应该是端口号或软件故障导致。因此，可以根据从 IP 分析故障可能原因。最后是因为主 IP 端口号的问题，处理后问题解决，

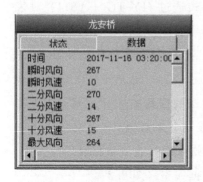

图 8.3 终端数据状态图

当时是测试阶段，能说明是 IP 端口号的问题还有一个原因，设置为主 IP 为 3006 端口的数据正常，因此可以判定为 IP 端口号的问题。当然可以利用计算机登录主 IP 端口号的方式判断端口号是否有问题。

（10）部分自动气象站连续几个小时缺数据

因 GPRS 信号问题，部分气象站连续几个小时缺数据，当信号连接后数据可以补传前几个小时数据（tecom3121-082 主板尤为突出）。这主要是由于用户拥堵，网络不畅等问题，造成站点不在线，由于选择了 GPRS 与 SMS 传输方式，站点自动切换到 SMS 方式，但数据中心服务器没有短信平台功能，因此造成数据缺少。需要更改主板参数设置才可解决此问题，具体是 GPRS 传输方式的选择，主板又存在 GPRS 处于休眠状态的现象，因此建议将传输方式改为 GPRS 传输方式。不要选择 GPRS 与 SMS 传输方式。具体修改方法如图 8.4 所示。

（11）选择 GPRS 为主 SMS 为辅通信方式时，当 GPRS 不能登录时，数据长时间缺测

出现此现象大多数是由于参数设置不匹配造成的。当 COMM01 参数中的通信方式选择为 GPRS 与 SMS 备份的方式时，STATIC01 参数中的间隔时间必须设置为 1，才能保证每小时均切换至短信方式并上报温度、风速、风向数据。出厂参数中 COMM01 参数的通信方式是纯 GPRS（即 0），STATIC01 参数中的间隔时间是 2。如果需要启用 GPRS 与 SMS 备份的方式时，必须同时将 STATIC01 参数中的间隔时间必须设置为 1，才能保证 SMS 备份的及时性。但

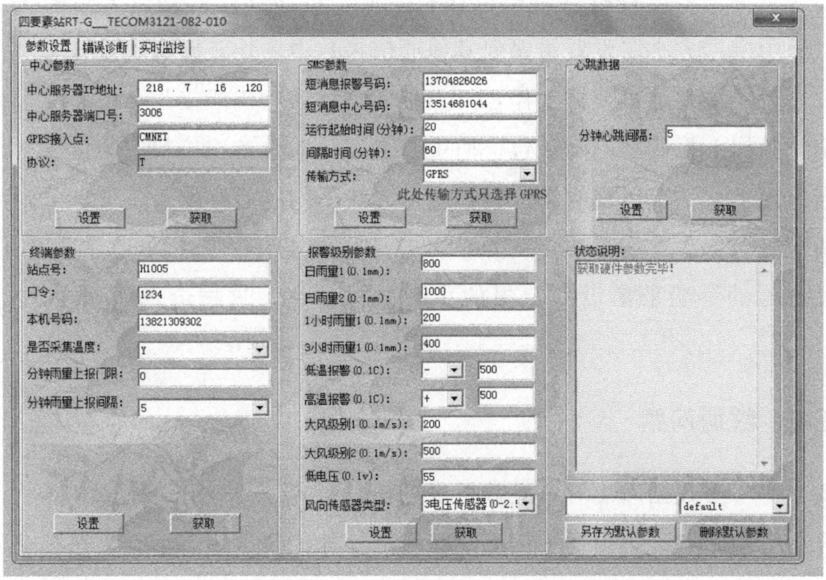

图 8.4 传输方式修改图

转到 SMS 方式耗时很长。

（12）快速判断自动气象站通信情况，数据是否正常上传

将通信服务器断电，通过采集器配备的专用通信电缆连接采集器与笔记本电脑或 PDA 设备，用笔记本电脑或 PDA 设备对采集器进行时间设定，如果当前时间为 2017 年 11 月 18 日上午 10 时左右，则需要将采集器时间设置为 2017 年 11 月 18 日上午 9 时 55 分，这样采集器在 5min 以后就会生成一组小时数据。设置采集器时间的命令格式为：D＝11/18/2017，T＝09：55：00，关键是分钟数，应保证设置的分钟数接近整点时间。

将采集器专用通信电缆连接笔记本电脑或 PDA 设备的一端拔下，连接到通信服务器的串口，给通信服务器通电，注意此操作应该控制在 5min 之内，因为如果时间太长就会错过正点上报数据的机会，通信服务器将无法将数据上报至中心。

经过 5min 左右时间后，采集器达到正点，生成一组小时数据通信服务器会首先激活 GPRS，连接至中心服务器（必须确认中心服务器程序正常开启），连接成功后，通信服务器将自动从采集器上下载小时正点观测数据，然后通过 GPRS 方式发送至中心服务器，我们通过和中心站服务人员确认是否收到该站点上报的小时数据，即可确认通信是否成功。

（13）数据正常发送，中心站显示此设备连接状态为掉线状态因为终端采集设备站点号中包含有字母,自动气象站是以大写的 H 开头,当站点号中字母大小写设置错误但其他通信参数设置均正确时,设备按照正常工作流程进行采集及上报数据工作,且上报数据结束后仍能接收到中心发至终端设备的小时数据上报成功的确认包。而中心站显示此设备连接状态为掉线状态。

当出现上述情况出现时,与设备正常断线不同的是终端采集设备收到数据上报成功的确认包后终端采集设备认为数据上报成功不再补报数据。而中心未将错误站点号的终端采集设备上报的小时数据储存,这样会严重影响数据的完整性。

8.2.1.2 数据问题

(1) 中心站数据库小时整点数据不完整

自动气象站点设备出现了供电中断情况,导致若干整点小时数据没有测量记录,也不可能上报到中心站。可能是上报的小时数据格式非法,中心站软件没有正常入库保存,当然也可能是由于中心站软件自身问题,而把正确数据不入库的情况。由于 GPRS 数据网络问题,下面站点不能通过 GPRS 通信方式正常上报,而转为短信备份方式上报数据,中心站系统没有及时把短信方式接收到的数据入库。检查自动站点设备参数是否已经改变,如设备站点 ID 号码等,如果改变,可能导致数据不能正常添加到该站点数据库中。

(2) 自动气象站出现 4 点钟数据缺测的现象

由于站点数较多,对每个站点的故障分析工作也可以借助于中心站软件来实现,通过中心站软件查看每天的缺报情况,8 月 18 日至 24 日泰来局大兴站点连续出现 4 点钟数据缺测(图 8.5),中心站软件显示没有 4 点钟的数据,通过查看电源电压,发现电源电压较小,只有 5.6V,再根据 CAWS600RT 的设计原理,每天凌晨 3 点 40 分设备重启,可以判断:因为电压较低,在 4 点钟没有找到网络导致数据缺测。建议厂家更改设备重启的时间,同时站点做好蓄电池的更换及太阳能板的维护,避免树木等遮挡太阳能板。

(3) 某个时次用户所有站点无法上传数据

一般来说某个设备各指示灯状态正常,但中心站收不到该站点数据,可以通过自动站维护软件进行调试,查看参数、重新设置参数以及状态检测等。但当某个用户所有台站出现故障时,可以考虑可能是移动通信卡欠费或移动基站等问题。

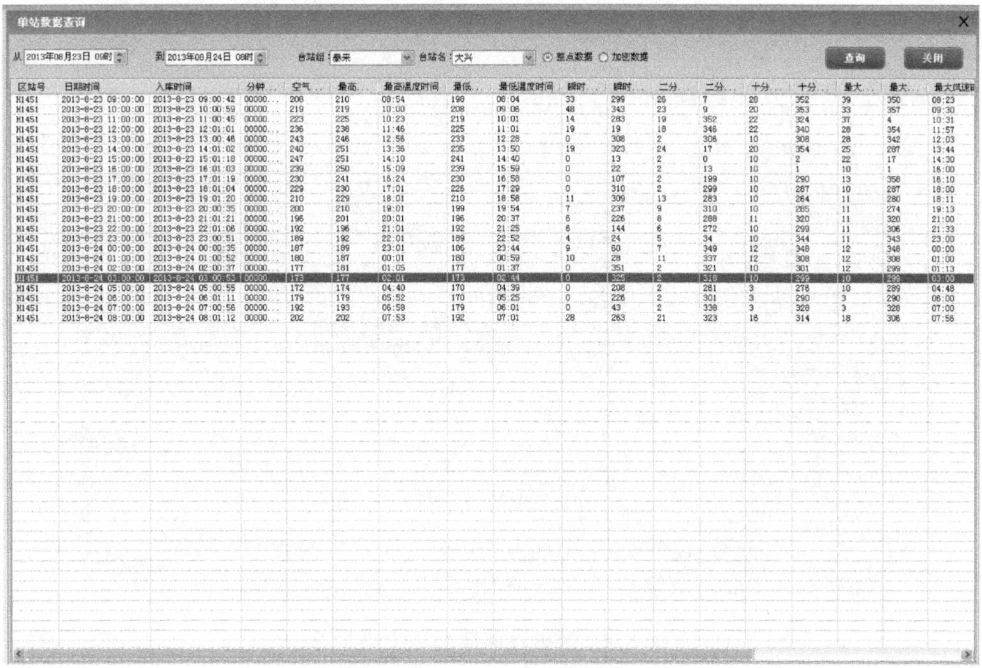

区站号	日期时间	入库时间	分钟...	空气...	最高...	最高温度时间	最低...	最低温度时间	瞬时...	瞬时...	二分...	二分...	十分...	十分...	最大...	最大...	最大风速时
H1451	2013-8-23 09:00:00	2013-8-23 09:00:42	00000...	208	210	08:54	198	08:04	33	299	26	7	28	352	39	350	08:23
H1451	2013-8-23 10:00:00	2013-8-23 10:00:59	00000...	219	219	10:00	208	09:08	48	343	23	9	20	353	33	357	09:30
H1451	2013-8-23 11:00:00	2013-8-23 11:00:45	00000...	223	225	10:23	219	10:01	14	283	19	352	22	324	37	4	10:31
H1451	2013-8-23 12:00:00	2013-8-23 12:01:01	00000...	236	238	11:46	225	11:01	19	19	18	346	22	340	28	354	11:57
H1451	2013-8-23 13:00:00	2013-8-23 13:00:48	00000...	243	246	12:56	233	12:28	0	308	2	308	10	308	28	342	12:03
H1451	2013-8-23 14:00:00	2013-8-23 14:01:02	00000...	240	251	13:36	235	13:50	19	323	24	17	20	354	25	287	13:44
H1451	2013-8-23 15:00:00	2013-8-23 15:01:18	00000...	247	251	14:10	241	14:40	0	13	2	0	10	2	22	17	14:30
H1451	2013-8-23 16:00:00	2013-8-23 16:01:03	00000...	239	250	15:09	239	15:59	0	22	2	13	10	1	10	1	16:00
H1451	2013-8-23 17:00:00	2013-8-23 17:01:19	00000...	230	241	16:24	230	16:58	0	107	2	199	10	290	13	358	16:10
H1451	2013-8-23 18:00:00	2013-8-23 18:01:04	00000...	229	230	17:01	226	17:29	0	310	2	299	10	287	10	287	18:00
H1451	2013-8-23 19:00:00	2013-8-23 19:01:20	00000...	210	229	18:01	210	18:58	11	309	13	283	10	264	11	280	18:11
H1451	2013-8-23 20:00:00	2013-8-23 20:00:35	00000...	200	210	19:01	199	19:54	7	237	9	310	10	285	11	274	19:13
H1451	2013-8-23 21:00:00	2013-8-23 21:01:21	00000...	196	201	20:01	196	20:37	6	226	8	288	11	320	11	320	21:00
H1451	2013-8-23 22:00:00	2013-8-23 22:01:08	00000...	192	196	21:01	192	21:25	6	144	6	272	10	299	11	306	21:33
H1451	2013-8-23 23:00:00	2013-8-23 23:00:51	00000...	189	192	22:01	189	22:52	4	24	5	34	10	344	11	343	23:00
H1451	2013-8-24 00:00:00	2013-8-24 00:00:35	00000...	187	189	23:01	186	23:44	9	60	7	349	12	348	12	348	00:00
H1451	2013-8-24 01:00:00	2013-8-24 01:00:52	00000...	180	187	00:01	180	00:59	10	28	11	337	12	308	12	308	01:00
H1451	2013-8-24 02:00:00	2013-8-24 02:00:37	00000...	177	181	01:05	177	01:37	0	351	2	321	10	301	12	299	01:13
H1451	2013-8-24 03:00:00	2013-8-24 03:00:53	00000...	173	177	02:01	173	02:44	0	325	2	318	10	299	10	298	03:00
H1451	2013-8-24 05:00:00	2013-8-24 05:00:55	00000...	172	174	04:40	170	04:39	0	208	2	281	3	276	10	289	04:48
H1451	2013-8-24 06:00:00	2013-8-24 06:01:11	00000...	179	179	05:52	170	05:25	0	226	2	301	3	290	3	290	06:00
H1451	2013-8-24 07:00:00	2013-8-24 07:00:56	00000...	192	193	06:58	179	06:01	0	43	2	338	3	328	3	328	07:00
H1451	2013-8-24 08:00:00	2013-8-24 08:01:12	00000...	202	202	07:53	192	07:01	28	263	21	323	18	314	18	306	07:56

图 8.5　中心站单站数据查询

（4）某个台站个别时次数据丢失问题

某客户使用设备中有 5～6 个站频繁出现不定时无法上传数据的问题（电池、太阳能板均正常），经过初步判断后，首先更换了手机卡，将移动通信卡更换为联通通信卡，但故障现象依旧，随后更换了主板天线，故障现象依旧。后经联络通信设备公司，对该客户所有自动气象站数据卡进行处理，故障频率明显减少。可以看出设备通信故障不单单是设备本身的问题，也要多方面考虑，特别是要及时与当地通信公司合理沟通，保障网络通畅或者基站开断正常，确保站点设备采集数据的正常传输。

（5）站点加密数据上报正常，没有小时数据上报

当采集器通电，新型站在两声蜂鸣后，发送 Ctrl＋C，然后点击 Enter 键，进入系统命令操作行，在命令行输入 df，然后回车，系统返回设备的空间占用情况，发现 nand1 和 nand3 占用 100％是异常的。这是由于数据存储区混乱，不能获取到小时数据，导致省数据服务中心服务器没有小时数据上报，通过清空数据区的命令 SETCLEARALL！可以解决问题（图 8.6）。

此外，造成看不见数据的原因可能是时间提前或延后了很多，使得无法查询到需要查询的数据。主板时钟的原因造成数据无法入库，需要对时才能解决。如

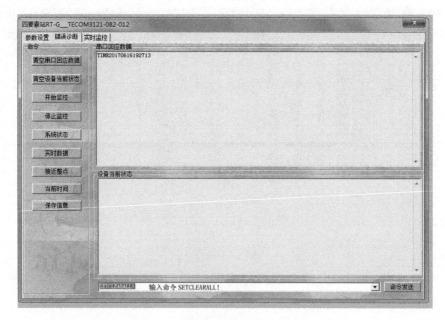

图 8.6 数据存储区混乱处理办法

图 8.7 所示，输入 GETTIME! 可以获取时间，需要对时输入 SETTIME+具体时间进行对时，也可以先将计算机时钟校时，（省数据中心校时地址为 10.96.2.24）点击"当前时间"进行对时。

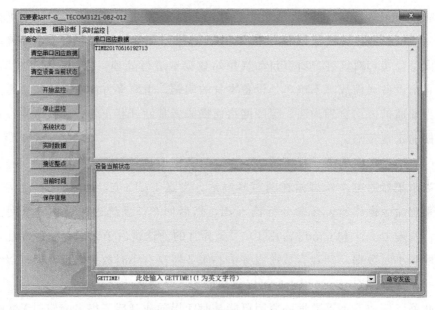

图 8.7 主板时钟对时命令

(6) 数据应用平台查看站点小时数据不完整

通过查询数据的入库时间，发现入库时间较早，整点前 2min 数据已经入库，如图 8.8 所示，21：00 的数据，20：58 已经生成。造成下载的数据无法入库的原因，需要市局升级 FTP 传送带程序进行解决，具体解决办法是对数据进行延时接收，同时获取前一小时的数据。

```
地区  站 号  站 名  实收日期  实收时间
哈尔滨 H0018 市局大院站 2017-06-16 20:58
哈尔滨 H0023 向阳乡 2017-06-16 20:58
哈尔滨 H0024 中山路小学 2017-06-16 20:58
哈尔滨 H0122 巨源 2017-06-16 20:58
哈尔滨 H0201 双井 2017-06-16 20:58
哈尔滨 H0203 方台 2017-06-16 20:58
哈尔滨 H0207 许堡 2017-06-16 20:58
哈尔滨 H0214 呼兰 2017-06-16 20:58
哈尔滨 H0346 苇河 2017-06-16 20:58
哈尔滨 H0354 马延 2017-06-16 20:58
哈尔滨 H0355 河家 2017-06-16 20:58
哈尔滨 H0470 迎兰 2017-06-16 20:58
哈尔滨 H0471 宏克力 2017-06-16 20:58
哈尔滨 H0472 团山子 2017-06-16 20:58
```

图 8.8 自动气象站数据入库时间

(7) 设备显示风速要素、风向值不正确

造成显示风速要素、风向值不正确故障的原因大致有以下三种情况：一是安装人员在安装设备时将风速风向传感器错误地连接到终端采集设备上，1 脚为风向电压，输入电压为 0~5V，2 脚为风向格雷码转换的脉冲，4 脚为风速脉冲，5 脚为+5V 电源，6 脚为电源地；二是风速风向传感器本身出现问题；三是安装或维护人员未能将设备中风速风向传感器类型设置正确。SETSTATIC02 命令中最后一位为传感器类型设置，参数的可选项为 0、1、2、3，设置为 0 表示连接天津厂格雷码脉冲传感器，设置为 1 表示连接电压风向一体传感器 0~5V，设置为 2 表示连接电压风向一体传感器 0~2.5V，设置为 3 表示连接天津厂电压传感器风向 0~2.5V。

(8) 风向显示异常，只指向某个固定方位

判断故障点，首先测量 VDC 与地之间的电压值是否正常，如果风速指示正常，此值不会存在问题。电压正常后将转接板与风向传感器的连线 E0~E6 断开，用万用表测量 E0~E6 与地的电压值，如果都大于 6V 说明故障在后端，否则故障在风向传感器本身。另外，7 位格雷码对应为 E0~E6，可以根据故障风向的指示，查阅风向、格雷码和输出电压对应关系，大致判断 E0~E6 哪路出现断路现象。

用万用表电压挡测量 E0~E6 与地之间的电压值，哪个值小就测量与之相连接的 T3~T8，检测防雷板，如果 VDC 不正常，测量 Q8、Q9、R1、R2，如有不正常则进行更换。

（9）温度数据缺测，湿度数据为定值

故障现象：温度数据显示缺测，湿度数据显示为 5 不变化，其他测量要素显示正常。图 8.9 是某地自动气象站的气象数据采集界面，可以明显看出温湿度异常，根据故障现象，需要先测量温湿度传感器本身，在断电的情况下打开温湿度接线盒盖板，使用万用表电阻挡（200Ω）测量该温度传感器的电阻，如果计算出的气温值与实际气温值相差很大，或者测量的电阻值为"0"或"∞"，则说明传感器故障，需依次检查线路和防雷板接线等；若考虑是新建站出现的问题，因此在接线上出现的问题较大，可以在采集器端进行测量连线及电阻及测量湿度传感器输出的湿度信号电压，"信号＋"与"信号－"两端（红、黄）之间的电压值，正常时应在 0～1V。通过上述方法，依次测量，发现为接线的问题，并处理故障。

区站号	日期时间	入库时间	分钟降水	小时降水	空气温度	最高温度	最高温度时间	最低温度	最低温度时间	湿度	最低湿度	最低湿度时间	气压	最高气压	最高气压时间
H1109	2017/11/19 17:00	2017/11/19 16:59	0	0						5	5	16:01	9945	9945	16:01
H1109	2017/11/19 18:00	2017/11/19 17:59	0	0						5	5	17:01	9943	9945	17:01
H1109	2017/11/19 19:00	2017/11/19 18:59	0	0						5	5	18:01	9941	9944	18:09
H1109	2017/11/19 20:00	2017/11/19 19:59	0	0						5	5	19:01	9940	9942	19:11
H1109	2017/11/19 21:00	2017/11/19 20:59	0	0						5	5	20:01	9940	9942	20:01
H1109	2017/11/19 22:00	2017/11/19 21:59	0	0						5	5	21:01	9937	9943	21:09
H1109	2017/11/19 23:00	2017/11/19 22:59	0	0						5	5	22:01	9935	9938	22:20
H1109	2017/11/20 0:00	2017/11/19 23:59	0	0						5	5	23:01	9931	9935	23:01
H1109	2017/11/20 1:00	2017/11/20 0:59	0	0						5	5	0:01	9932	9932	0:01
H1109	2017/11/20 2:00	2017/11/20 1:59	0	0						5	5	1:01	9932	9934	1:46
H1109	2017/11/20 3:00	2017/11/20 2:59	0	0						5	5	2:01	9931	9933	2:01
H1109	2017/11/20 4:00	2017/11/20 3:59	0	0						5	5	3:01	9931	9932	3:01
H1109	2017/11/20 5:00	2017/11/20 4:59	0	0						5	5	4:01	9931	9934	4:01
H1109	2017/11/20 6:00	2017/11/20 5:59	0	0						5	5	5:01	9932	9934	5:46
H1109	2017/11/20 7:00	2017/11/20 6:59	0	0						5	5	6:01	9934	9935	6:01
H1109	2017/11/20 8:00	2017/11/20 7:59	0	0						5	5	7:01	9937	9939	7:46
H1109	2017/11/20 9:00	2017/11/20 8:59	0	0						5	5	8:01	9940	9941	8:51
H1109	2017/11/20 10:00	2017/11/20 9:59	0	0						5	5	9:01	9943	9944	9:25
H1109	2017/11/20 11:00	2017/11/20 10:59	0	0						5	5	10:01	9936	9944	10:01
H1109	2017/11/20 12:00	2017/11/20 11:59	0	0						5	5	11:01	9935	9936	11:46
H1109	2017/11/20 13:00	2017/11/20 12:59	0	0						5	5	12:01	9934	9936	12:01
H1109	2017/11/20 14:00	2017/11/20 13:59	0	0						5	5	13:01	9932	9935	13:01
H1109	2017/11/20 15:00	2017/11/20 14:59	0	0						5	5	14:01	9929	9933	14:01
H1109	2017/11/20 16:00	2017/11/20 15:59	0	0						5	5	15:01	9931	9931	15:21

图 8.9　自动气象站气象数据采集界面

（10）全要素数据缺测

通过自动站主采集器处理、传输的全部气象要素数据缺测。

自动站全部要素数据缺测的原因一般为核心部件、系统公共部分故障或其他因素引起的系统异常。具体表现为主采集器故障、通信服务器故障、供电系统部件或线路故障。

确认自动站点的供电是否中断，包括蓄电池供电和太阳能供电。在太阳能供电方式下，如果出现连续阴雨天气，可能造成系统蓄电池供电电压不足情况，导致系统不能正常工作。

通过短信或者在现场通过串口获取设备参数，检查其是否有异常，尤其是 GPRS 通信相关参数包括 IP 地址、端口号等。

通过终端维护管理软件或华云尚通本地维护管理软件，判断能否登录激活 GPRS 通信服务，故障诊断与解决步骤请参照前面问题解答。

检查确认中心站软件是否正常工作，各站点数据是否正常入库。

8.2.1.3 硬件问题

（1）主板的其他参数不变，站点参数变为 99999

遇到此类问题，一种情况是通过短信和参数设置软件可以对参数进行修改，修改后可以正常使用，通过短信修改需要满足主板报警电话和短信电话允许修改，具体操作命令为 GETSTATIC01！和 SETSTATIC01＋具体信息！。另一种情况是经过一次或几次设备重启后，设备站点参数再次变为 99999，这种是通信模块故障，需要更换通信模块。

（2）系统恢复到缺省时间日期，设备时钟恢复到 2000 年

这种故障一般是因为设备时钟电池，也就是采集板背面的纽扣电池电压过低，可以使用万用表进行测量，电池电压应大于 1.8V，另外此类电池为一次性使用，电池寿命大约为 2~3 年，维护人员应及时对电池进行更换。更换电池后若故障依旧，则需要通过更换主板模块（图 8.10）的方式处理。

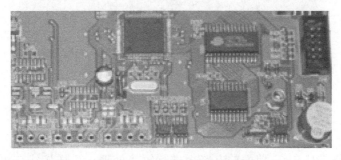

图 8.10　CAWS600RT 主板

（3）传感器输出均正常，模拟通道的测量值不正确

测量电压值不稳定：检查传感器电压输出是单端还是差分信号，并检查是否正确连接了相应的模拟通道。模拟通道 1 可以连接差分输出和单端输出（不推荐连接差分输出），如果连接差分信号会影响差分信号输出的测量精度。模拟通道 2 为了提高对差分信号的测量精度，使用了自动量程适应和自动信号增益放大技术。但由于该技术不能很好地支持单端方式，因此只允许连接差分信号。

测量电压值稳定,但和实际值偏差很大:需要检查相应通道的 ANALOG 参数是否设置正确,尤其是 A、B 系数两个参数。错误地设置这两个参数会导致线性计算公式中的参数错误,从而造成运算结果的偏差。

差分信号测量不准确可能是由于差分信号对设备并没有地基准电平,因此需连接好屏蔽线。屏蔽线可连接模拟通道 2 的 GND 引脚。

(4) 每当设备重启或设备初始化时,采集板初始化后所有参数均会丢失

遇到此类问题,可通过短信和参数设置软件方式对站点设备进行设置。若一段时间后又丢失所有参数,可能是因为 CR2032 锂电池电压低或接触不良造成的;还可能需要更换主板模块,此模块里已经把参数写好,因此需要更换同型号的主板模块。

(5) 主板电路板烧坏,接触出现问题

卸下 dy07 模块,发现主板一处被烧坏,造成这种现象的原因有主板短路、dy07 短路、雷击等,具体情况见图 8.11,通过短接线连接后,故障得到处理。经过处理后可以正常工作。

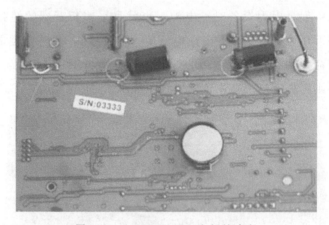

图 8.11　CAWS600RT 主板故障点

可以用导线与 dy07 前面的电路板进行短接处理,这样接线会更牢固,但焊接完毕后需要观察设备运行情况,并观察 dy07 本身是否有发热现象,此时最好用高电压进行测试,因为 dy07 本身的故障也会造成线路板烧毁,避免二次烧坏的现象,如果是因为雷击的原因,需做好观测场设备接地,接地电阻应≤4Ω。

(6) 部分自动气象站长时间缺数据

对故障自动气象站进行分析,排除其他原因后,发现 RT 系列硬件版本号为 082 或 032(图 8.12),数据缺失是因为程序版本较低的问题造成的,程序的版

本需要升级到 TECOM3121-082-011 及以上，使用串口下载程序工具软件 V3.2（Release版）-20170412，软件启动后将首先尝试打开存在的串口，并设置为 115200 的波特率，若不存在此串口或串口被其他软件占用，将弹出提示信息"没有发现此串口或被占用！"，此时需根据当前 PC 实际接入的串口重新进行串口选择。假设当前 PC 的可用串口为 COM3，在串口下拉框中选择 COM3，软件提示"串口打开成功！"，同时"打开串口"按钮灰掉，"关闭串口"按钮亮起，点击"文件选择"按钮，弹出文件选择对话框，正确选择需要下载的程序文件。

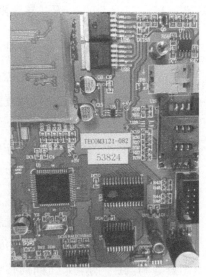

图 8.12　自动气象站版本号

自动气象站的版本号在主板中可以看到，也可以通过软件进行显示。如图 8.13 所示。

图 8.13　升级后自动气象站版本号

（7）温湿度传感器故障

温湿度数据显示异常或无显示。

12V 供电或主采集器通信口故障；防雷板故障或信号线连接不良；温湿度电缆短路或断路故障；温湿度故障；系统接地不良或外部电磁干扰。

在断电的情况下打开温湿度接线盒盖板，万用表电阻挡（200Ω）测量该温度传感器的电阻，根据计算公式换算出温度，并与实际气温值比较。

通过测量电阻值 R 计算气温值 T 的方法为：

$$T = \frac{R_1(\text{异端阻值}) - R_2(\text{同端阻值}) - 100\Omega}{0.385\Omega/\text{℃}}$$

如果计算出的气温值与实际气温值相差很大,或者测量的电阻值为"0"或"∞",则说明故障原因为温度传感器或线路连接。检查温度传感器与温湿度接线盒连接,如果有连接故障,修复故障部位;如果连接都正常,则说明温度传感器故障需更换。

如果计算出的气温值与实际气温值相符,说明温度传感器正常,则需检查接线盒至采集器的连接电缆是否正常,若电缆连接正常也无短路或断路故障,则判定温湿度分采集器故障需更换。

打开温湿度接线盒盖板,先检查湿度传感器与接线排之间的连接是否正常。在确保连接正常后,找到湿度传感器的端子,测量"12V电源"与"电源地"("蓝、粉/红"两端)之间的传感器供电电压,正常时应在11.6~13.8V,如超出此范围则说明湿度传感器供电不正常,故障点在接线盒至温湿度传感器的连接电缆。

如果湿度传感器供电正常,测量湿度传感器输出的湿度信号电压,"信号+"与"信号−"两端(红、黄)之间的电压值,正常时应在0~1V对应空气湿度0~100%。如果相符,说明湿度传感器正常,故障点在接线盒至温湿度传感器的连接电缆。

检查接线盒至温湿度传感器的电缆是否正常、连接是否良好,修复不良连接或者更换故障线缆,如果连接都正常,则说明温湿度传感器故障。

如果测量的电压值根本不在0~1V范围内,或者计算值与实际空气湿度相差很大,则说明故障在湿度传感器或湿度线缆连接,依次检查湿度航空插头及温湿度接线盒内的接线,修复不良连接或者更换故障线缆,如果连接都正常,则说明湿度传感器故障。

(8) 风传感器故障

风传感器故障通常表现为风向风速数据异常或无数据。

大多数天气站风传感器标准配置为EL15-2C型风向传感器、EL15-1C型风速传感器。在正常状态下,主采集器提供5V稳定电源为风向风速传感器供电,主采集器读取风向传感器输出7位格雷码(D0~D6与GND间电压值,高电位为1,低电位为0)与标准格雷码表对照得出风向值,传感器与风横臂接线图如图8.14、图8.15所示;主采集器风速通道对风速传感器产生的脉冲信号进行计数,并处理转换为风速值。

第 8 章 自动气象站维护与故障维修

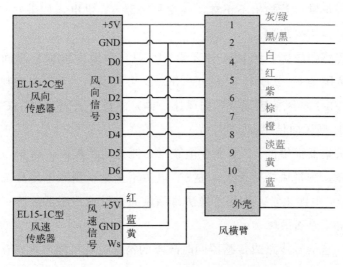

图 8.14 自动气象站风信号流向图

图 8.15 风横臂上风传感器接线图

检查传感器挂接是否正常、是否处于维护、停用、标定状态；传感器是否开启；传感器测量范围、配置参数是否正常。

检查风向风速传感器、风电缆航空插头、防雷板输入端连接是否正常，检查主采集器输入端口、防雷板输出端压线连接是否正常。

风向、风速数据采集的公共部分，只有主采集器至风横臂接线盒的风传感器供电线路，主采集器提供两路 5V 电压输出（风向、风速），同时为风向、风速传感器供电，测量风速信号（PIN4）和地（PIN6）之间的电压，风杯转动时测量值应当接近 1/2 工作电压，风杯停止时，测量值为 0 或者接近工作电压值（注：工作电压为 5V）。取下风传感器供电端子，使采集器空载运行，测量 5V

电压输出是否正常,若输出不正常,换用另一路 5V 供电,如果两路 5V 供电都不正常,则更换主采集器。

判断风传感器故障:测量风向信号(PIN1)和地(PIN6)之间的电压,测量电压正常范围为 0~2.5V,对应 0°~360°。可依据上述对应关系判断传感器是否正常。XFY3-1 型风传感器(风向风速一体)测量方法同 EL15-1C 型风速传感器和 EL15-2E 型风向传感器。

如果主采集器提供的 5V 电源供电正常,测量防雷板输出端 5V 电源不正常,则防雷板故障;测量风横臂接线盒内 5V 电源不正常,则风电缆故障;如果风横臂接线盒内 5V 电源正常,则用替换法排除风向、风速传感器故障;用测量法检查风横臂内电缆是否故障。

风向、风速信号线路或传感器同时故障的情况也有可能出现。在主采集器提供的风传感器供电正常的前提下,通过测量风信号定位故障,在风杯转动情况下,用万用表频率挡或者直流 20V 挡测量风速信号,若输出频率与风速变化对应或输出电压在 3.0V 左右,说明风速信号正常;通过测量 D0~D6 电平高低得出格雷码,再换算成风向数据,对比现场实际风向,看两者是否一致,若一致说明风向信号正常。依次测量判断:主采集器输入端风信号正常则主采集器故障;防雷板输入端风信号正常则防雷板故障;风横臂接线盒风信号正常则风电缆故障;风横臂接线盒风信号不正常则风横臂电缆或传感器故障,用替换法排除风向、风速传感器故障;用测量法检查风横臂内电缆是否故障。

防雷板正常情况下,通道输入、输出端导通、通道之间及通道对地断路,否则防雷板故障。

风信号电缆及风横臂线路检查方法:首先排查短路故障,电缆一端空载(不连接),在另一端用万用表蜂鸣挡测量任意两根芯线之间电阻应为"∞"(不蜂鸣),否则有短路故障;其次排查断路故障,电缆一端芯线两两短接,在另一端用万用表蜂鸣挡测量对应两根芯线之间应连通(蜂鸣),否则有断路故障。如果风电缆有短路或断路故障需更换风电缆,如果风横臂电缆有短路或断路故障需修复或更换风横臂电缆。

(9)气压传感器故障

气压传感器故障主要表现为气压数据缺测。

气压传感器是智能传感器,具备数据采集处理及通信功能,主采集器通过 RS232 串口通信直接获取气压观测数据。引起此故障原因可能有:

检查气压线缆与主采集器 RS232-5 端接线连接是否良好。

在保证传感器连接电缆正常的情况下，检查气压传感器供电电压，将万用表调到直流电压20V挡，在主采集器气压端子上，测量"粉、蓝"两端的电压，正常情况下，电压应在10～13.8V，如果电压正常则气压传感器故障。若不正常，则说明供电存在问题，修复供电（图8.16）。如果电压正常则气压传感器故障。

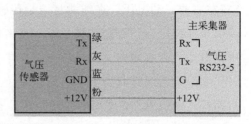

图8.16 气压测量信号流向图

（10）雨量传感器故障

表现为雨量数据数值较大或缺测。

雨量传感器计数翻斗每翻动一次，干簧管闭合一次，输出一个脉冲信号，相当于0.1mm降水量。采集器雨量端口提供3.3V左右脉冲信号驱动电压，并采集记录脉冲信号数量生成雨量数据。引起此故障的原因可能有：配置参数错误；雨量传感器故障；雨量电缆故障或连接不良；主采集器通道故障；外部电磁干扰。雨量传感器，也叫单翻斗式雨量计，测量的是模拟信号。两根开关线分别接采集器8、9脚（图8.17）。

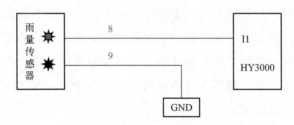

图8.17 雨量测量信号流向图

雨量传感器故障现象主要是雨量数据无显示。

首先在人工加水的状态下用万用表测量8～9脚之间是否短路，如果没有短路则要更换干簧管或传感器。其次测量传感器与集线器之间的连线，看是否有断线的现象，如无断线的现象应更换开关。

主采集器雨量端口提供5V左右脉冲信号驱动电压。

检查雨量传感器有没有堵塞，各个翻斗能否正常翻动。用万用表蜂鸣挡测试雨量传感器是否正常，如果在计量翻斗翻动时，每翻一次能够正常发出蜂鸣声，说明雨量传感器干簧管正常，否则是干簧管故障，需更换干簧管。

检查雨量电缆是否正常且连接良好：主采集器运行状态下，雨量采集端口有

5V 左右的驱动电压，在线测量雨量传感器的红、黑接线柱，如果有 5V 的电压，说明该线缆正常，否则线缆故障。或者断开雨量端子连接，用万用表通断挡测量雨量电缆是否有短路、断路故障，如果有则修复或更换雨量电缆。

主采集器运行状态下：将雨量端子拔掉，使用万用表直流电压挡测量雨量端口两针之间应有 5V 左右的驱动电压，否则主采集器故障；使用金属工具短接雨量端口两针 n 次，采集软件应显示相应的降雨量（$n \times 0.1mm$），否则主采集器通道故障。

8.2.1.4 供电系统问题

供电系统是由太阳能板、充电装置、蓄电池组成的。首先检查太阳能板输出是否正常，骨干站输出电压 20V 以上，自动气象站电压 9V 以上，依次检查充电装置、蓄电池输出。自动气象站检查 DY07 状态，主要排查因器件故障或线路连接错误造成的电源转换模块过流保护，没有直流 12V 输出。电源转换模块（交流充电控制器）额定输出直流电压 13.8V 左右。

如果电源系统直流输出异常，依次测量刀片开关、保险管、直流电源接线排的输入输出端的直流 13.8V 是否正常，排查找出引起直流供电异常的故障器件或不良连接。注意保险管座上有一个指示灯正常情况下不亮，如果红色常亮则保险管熔断需更换。检查蓄电池是否存在异常情况：供电单元的蓄电池在达到使用寿命或者过度放电后性能下降，会导致失去后备电源的功能。在线路连接正常的情况下，如果太阳能板中断蓄电池供电时输出电压很快下降到 6V 或 12V 以下，请立即更换同规格蓄电池。

8.2.2 WUSH-PWS10 自动气象站典型故障及维修方法

8.2.2.1 通信问题

（1）地面通信

中心站收不到数据，现场数据传输模块指示灯显示工作状态不正常。可能原因有以下几种：

① 检查 SIM 卡是否欠费；通过手机上网方式检查 SIM 卡是否可以上网，确定 SIM 卡是否欠费。

② 安装现场 2G/3G/4G 信号不佳。可通过带上网功能的手机在现场验证，

也可以请当地移动/联通/电信公司的技术人员去现场作信号测试。

③ SIM 卡损坏。

④ 数据传输模块配置有误,通过数据传输模块设置电缆,现场查看数据传输模块的配置。

⑤ 检查安装业务软件计算机的网络配置,再次核实提供的固定 IP 地址和映射端口号是否正确。

(2) 北斗通信

北斗通信中心站接收不到数据,可能原因有以下几种:

① 检查北斗通信卡是否欠费,通过与北斗运营商沟通确认。

② 安装现场受遮挡,北斗信号不佳。通过北斗测试软件测试当前北斗信号强度是否满足通信。

③ 北斗通信卡损坏,通过北斗测试软件测试确认。

④ 气象智能集成处理器配置有误;通过查看气象智能集成处理器配置,确定数据集成处理器配置是否有误。

⑤ 北斗供电不正常。

8.2.2.2 硬件问题

(1) 风向风速故障

表现一:风速/风向数据缺测。

风速/风向数据缺测,可能原因有以下几种,应逐步排除:

检查风传感器与风数据处理单元、风数据处理单元与电源通信器、电源通信控制器与气象智能集成处理器电缆连接是否正确。

检查气象智能集成处理器配置,是否禁用该传感器。

测量电源通信控制器供电电压是否约 12V。

若上述均正常,可能属于风速传感器或风数据处理单元或电源通信控制器故障。

表现二:风速数据偏小。

可能原因有以下两种,应逐步排除:

检查风速传感器启动风速是否偏大,若偏大,须及时清洗风速传感器轴承或更换风传感器。

若上述均正常,可能属于风速传感器故障。

(2) 气温数据缺测

检查智能气温测量仪与电源通信控制器、电源通信控制器与气象智能集成处理器电缆连接是否正确。

检查气象智能集成处理器配置，是否禁用该传感器。

测量电源通信控制器供电电压是否约 12V。

若上述均正常，可能属于智能气温测量仪故障。

(3) 湿度数据缺测

检查智能湿度测量仪与电源通信控制器、电源通信控制器与气象智能集成处理器电缆连接是否正确。

检查气象智能集成处理器配置，是否禁用该传感器。

测量电源通信控制器供电电压是否约 12V。

若上述均正常，可能属于智能湿度测量仪故障。

(4) 翻斗雨量数据缺测

翻斗雨量数据缺测，可能原因有以下几种，应逐步排除。

检查智能翻斗雨量测量仪与电源通信控制器、电源通信控制器与气象智能集成处理器电缆连接是否正确。

检查气象智能集成处理器配置，是否禁用该传感器。

使用万用表蜂鸣挡，将万用表的红黑表笔与雨量传感器红黑接线柱对接，翻动计数翻斗，雨量传感器有开关信号输出，每翻动一次，万用表蜂鸣一次。

若上述均正常，可能属于智能翻斗雨量测量仪故障。

翻斗雨量传感器故障排查期间，应将雨量信号电线从雨量传感器上拆下，避免翻斗误动作产生错误的雨量数据。

(5) 气压缺测

检查智能气压测量仪电缆与气象智能集成处理器电缆连接是否正确。

检查气象智能集成处理器配置，是否禁用该传感器。

检查智能气压测量仪供电电压；用万用表电压挡测量气压传感器供电电压（棕、白线之间）是否大于等于 10V。

若上述均正常，可能属于气象智能集成处理器或智能气压测量仪故障。

8.2.2.3 供电系统问题

智能自动气象站一般采用标称的 12V 蓄电池供电，太阳能电池板为蓄电池充电。在系统蓄电池及太阳能电池板配置较为匹配的情况下，系统能够可靠地运行。但是供电线路故障或雷击等都会造成供电中断。如果没有及时发现，就会导致蓄电池电源耗尽，自动站停止工作。电源故障最终导致智能自动气象站不能正常工作，表现在软件上自动气象站无响应，通信连接不上。

太阳能电池板供电故障主要原因有：

（1）自动站周围有树木、建筑等较高的障碍物，影响阳光直接照射到太阳能电池板上，降低了太阳能的利用效能，致使蓄电池充电不足，（尤其是夜间）无法正常供电。须清除障碍物或考虑迁站。

（2）蓄电池因性能下降或损坏而充不进电，晚上蓄电池不起作用。须更换新的蓄电池。

（3）太阳能电池板电源输出线未可靠连接到太阳能充放电控制器上。将太阳能电池板电源输出线可靠地连接到太阳能充放电控制器上。

（4）蓄电池电压太低，致使充电控制器自保护关断负载。蓄电池充足电后故障会自行解除。

（5）太阳能充放电控制器故障。更换太阳能充放电控制器。

（6）太阳能电池板故障，导致无法给蓄电池充电。

如果电源系统直流输出异常，依次测量刀片开关、保险管、直流电源接线排的输入输出端的直流13.8V是否正常，排查找出引起直流供电异常的故障器件或不良连接。注意保险管座上有一个指示灯正常情况下不亮，如果红色常亮则保险管熔断需更换。

检查蓄电池是否存在异常情况：供电单元的蓄电池在达到使用寿命或者过度放电后性能下降，会导致失去后备电源的功能。在线路连接正常的情况下，如果太阳能板中断蓄电池供电时输出电压很快下降到6V或12V以下，请立即更换同规格蓄电池。

8.2.3　CAWSmart自动气象站常见故障及维修方法

8.2.3.1　通信问题

（1）节点控制器状态灯闪烁异常

智能站站点出现中心站数据子电源电压状态缺测，相关要素数据缺失。现场直连智能传感器发命令有数据回复，直连节点控制器发命令没有任何响应。此时，需要更换节点控制器，更换节点控制器的步骤如图8.18所示。

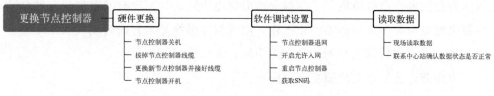

图 8.18 更换节点控制器流程图

① 硬件更换步骤

关闭故障节点控制器开关按钮；

拔掉故障节点控制器上接插的所有线缆；

将拔掉的线缆插入新节点控制器正确接口；

开启新节点控制器开关，应为绿灯常亮状态。

② 软件调试步骤

正确连接计算机与 DPZ6 集成处理器，打开《智能站新型站串口测试工具》软件，选择相应串口，波特率默认 19200，点击打开串口。此时串口状态应为绿色。

调试方式一：一键调试

选择"智能站设备更换"，点击"更换节点控制器"→"一键更换"。

调试方式二：分步调试

节点控制器退网：勾选"智能站设备更换"→"更换节点控制器"→"显示详细指令"。点击"节点控制器退网指令"→"发送指令"，确认所有节点控制器状态灯均为闪烁四下状态。

打开允许入网窗口：点击"打开集成处理器允许入网窗口"→"发送指令"。

重启节点控制器：点击"重启各节点控制器"→"发送指令"，当所有节点控制器状态指示灯均为闪烁两下状态时，组网完成。

获取传感器真实 SN 号：勾选"更换集成处理器"→"显示详细指令"。点击"读取传感器的真实 SN 号"→"发送指令"，等待软件回复所有智能传感器的真实 SN 号。

③ 数据读取步骤

选择菜单栏中的"智能站数据解析"选项，点击"实时数据"右方的"发送"按钮，软件会自动解析接收到的智能站数据。

关注要点：

- 温度、湿度、风向、风速、气压、雨量的相关数据是否正常、完整。请按照实际情况进行对照。解析数据中温度、气压、风速、雨量为扩大10倍输出，风向和湿度输出原值，例如0246代表温度24.6℃。

- 集成处理器板压是否正常，板压扩大10倍输出，一般为12V以上。
- 4G信号强度是否正常，信号强度一般为25~31。
- 湿度通信盒，翻斗雨量，温度通信盒，10m风通信盒的电压是否正常，通信盒电压扩大10倍输出，一般为11.5V以上。
- 检查智能站所有状态。状态码为0表示正常，状态码为1表示异常，状态码为2表示错误，状态码为7表示直流电。
- 调试完成后，联系中心站值班人员帮助确认智能站站点是否上线，数据和状态是否正常。

节点控制器状态灯的具体形式见表8.1。

表8.1 节点控制器状态灯定义

指示灯名称	颜色	状态	定义
开机按钮＋电源指示灯	绿	常亮	正常通电
状态运行灯	黄	每周期闪烁4次	未入网
状态运行灯	黄	每周期闪烁3次	已入网，未连接到主协调器
状态运行灯	黄	每周期闪烁2次	已入网，并在当前网络中

（2）智能集成处理器状态灯频闪

智能集成处理器状态灯的具体形式见表8.2。

表8.2 智能集成处理器状态灯定义

指示灯名称	功能	备注
SYS	系统运行状态	一秒一闪代表应用程序运行正常；常亮常灭都代表异常
4G	4G状态指示	4G关闭时不亮； 4G打开后不联网，一秒一闪；联网后，三秒一闪；有数据交互时，频闪

8.2.3.2 硬件问题

（1）智能传感器故障

智能站站点出现中心站要素数据缺测现象，相关节点控制器子电源状态正常。现场直连智能传感器发命令无任何回复。此时，需要更换智能传感器。更换智能传感器的步骤如图8.19所示。

硬件更换步骤：

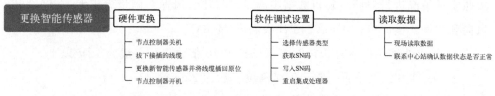

图 8.19　更换智能传感器流程图

节点控制器关机；

拆除故障传感器线缆；

更换新的智能传感器并将线缆连接至节点控制器；

节点控制器重新开机。

软件调试步骤：

正确连接计算机与 DPZ6 集成处理器，打开《智能站新型站串口测试工具》软件，选择相应串口，波特率默认 19200，点击打开串口。此时串口状态应为绿色。

当 4 个节点控制器状态灯均处于持续闪烁两下状态后，选择"智能站设备更换"，进入"更换传感器"界面。

选择所需更换的传感器，在"步骤一"，手动选择需更换的传感器类型。

获取 SN 号：点击"步骤二"→"发送指令"，获取新传感器的真实 SN 号。

智能传感器 SN 号写入智能集成处理器：在"步骤三"处，框内会显示读取到的传感器真实 SN 号，点击"手动写入配置文件"，将获取到的 SN 号写入 DPZ6 智能集成处理器。

重启集成处理器：点击"步骤四"→"发送指令"，重启 DPZ6 智能集成处理器。此时可听到集成处理器有轻微的"咔哒声"，2min 后可尝试进行调试。

(2) 智能集成处理器故障

智能站出现中心站所有要素和状态数据均缺测。现场直连 DPZ6 智能集成处理器无任何回复。经排查供电正常，此时，需要更换智能集成处理器，更换智能集成处理器的流程如图 8.20 所示。

① 硬件更换步骤

对原智能集成处理器进行拍照，贴上标签记录信息；

对原智能集成处理器断电，拆下处理器及相关线缆；

更换新的智能集成处理器；

将相关线缆连接到新的智能集成处理器上；

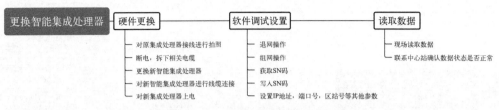

图 8.20 更换智能集成处理器流程图

对集成处理器进行通电操作。

② 软件调试步骤

正确连接计算机与 DPZ6 集成处理器,打开《智能站新型站串口测试工具》软件,选择相应串口,波特率默认 19200,点击打开串口。此时串口状态应为绿色。

调试方式一:"一键组网"

勾选"智能站设备更换",点击"更换集成处理器"→"开始组网"。

调试方式二:"分步调试"

退网操作:勾选"智能站设备更换"→"更换集成处理器"→"显示详细指令"。点击"退网命令"→"发送指令",观察节点控制器状态灯,确认所有状态灯均为闪烁四下状态。

组网操作:点击"组网命令"→"发送指令"。

重启操作:点击"重启各节点控制器"→"发送指令",当所有节点控制器状态指示灯均为闪烁两下状态时,组网完成。

获取 SN 号:点击"读取传感器真实 SN 号"→"发送指令",获取所有传感器的真实 SN 号。

写入 SN 号:点击"读取传感器真实 SN 号"→"写入配置文件",将获取到的 SN 号写入智能集成处理器。当收到<YIIP,000,T>的回复时,代表智能传感器真实 SN 号已成功写入 DPZ6 智能集成处理器。

第 9 章

中心站软件

自动气象站在完成数据采集的基础上需要对数据进行入库操作，将数据以特定的格式存储下来，保存下来的自动气象站数据资料可供业务人员查询、下载，也可以对接国家级台站数据的入库需求，协助完成数据上行的相关配置工作。

数据入库主要使用中心站软件，相关设置流程包括数据库的安装与设置、中心站软件的安装、参数设置以及宏的配置等。

9.1 数据库

数据库是"按照数据结构来组织、存储和管理数据的仓库"，是一个长期存储在计算机内的、有组织的、可共享的、统一管理的大量数据的集合，即存放数据的仓库。在充斥着大量气象数据的综合观测领域，数据库作为最重要的基础软件，是确保自动气象站稳定高效运行的基石。

9.1.1 数据库的安装

SQL 数据库具备向下的兼容性，安装 SQL2005＋SP3 及以上版本即可满足业务运行需求，选择安装路径后，按默认安装方式进行安装。下面以 SQL2008 数据库为例，安装时需要更改的主要事项如下。

第 9 章 中心站软件

身份验证模式：选择混合模式（Windows 身份验证和 SQL Server 身份验证），密码和确认密码设置为 sa。

排序规则设置：点击"排序规则"，按照图 9.1 所示的方式设置账户名等相关信息。

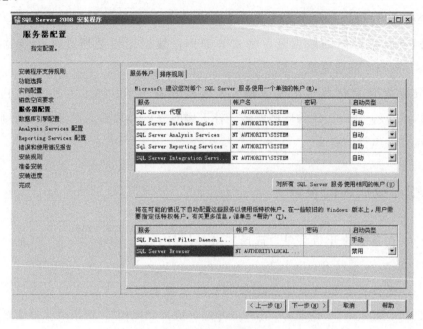

图 9.1 数据库排序规则选择

点击数据库引擎的"自定义"，弹出如图 9.2 所示对话框，排序规则指示符为 Chinese_PRC，勾选"二进制"，然后点击"确定"。

指定对分析服务具有管理权限的账户，然后单击"下一步"。

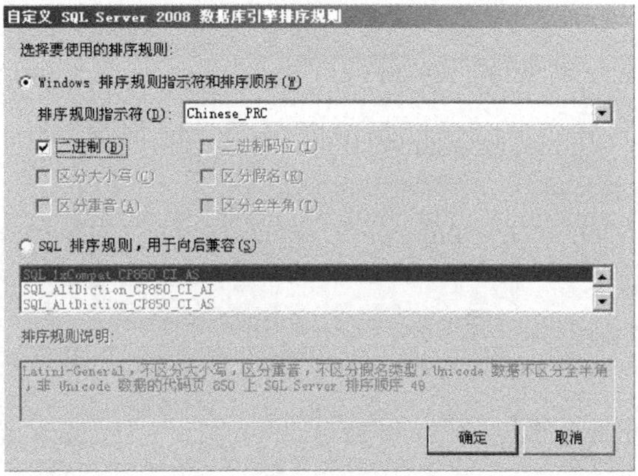

图 9.2 数据库引擎排序规则选择

9.1.2 数据库安装注意事项

为方便数据的保存并避免因操作系统的原因造成的数据丢失等问题，数据库应安装在非 C 盘。

因数据库存储的数据量、格式等原因，数据库安装所在的磁盘格式为 NTFS，磁盘空间要充足。

安装数据库前需要先检查是否安装微软补丁 MSXML 6 Service Pack 2（KB954459），如有应删除后再安装。补丁删除完后必须重启服务器，否则将影响后续相关组件的安装。

9.1.3 数据库的设置

（1）在系统的开始菜单，选择"Microsoft SQL Server 2005"下的"SQL Server Management Studio"。

（2）选择"Windows 身份验证"登录。

（3）右键点击 sa 登录名，出现菜单后，选择"属性"；取消"强制实施密码策略"，重新把密码设置为：sa，然后点击下方的"确定"按钮（图 9.3）。

图 9.3　数据库强制实施密码策略

（4）创建名称为 CAWSAnyWhereServer 的数据库。右键点击"数据库"，点击"新建数据库"；如图 9.4 所示，在设置界面中，输入数据库名称为"CAWSAnyWhereServer"，然后点击左边"选项"，把恢复模式改选为"简单"模式，点击"确定"，完成数据库的创建。

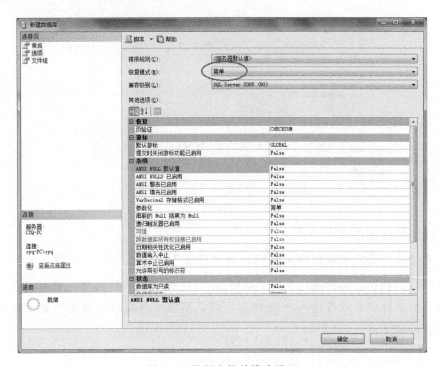

图 9.4　数据库简单模式设置

（5）建立存储过程。右键点击新建的 CAWSAnyWhereServer 数据库，在弹出菜单里选择"新建查询"，然后把存储过程的文本文件里的内容拷贝到查询窗口中，点击工具栏上的"执行"，成功后，出现"命令已成功完成"的提示，即完成数据库的设置（图 9.5）。

9.1.4　数据库的备份和还原操作

为了做好自动气象站数据的存储和使用，经常需要对数据库进行备份和还原操作，具体步骤如下：

（1）数据库备份

选择需要备份的数据库，右键选择"任务""备份"，删除现有备份目录，添加新备份目录，设置备份目录，选择备份目录，输入新的备份文件名称，点击"确定"。

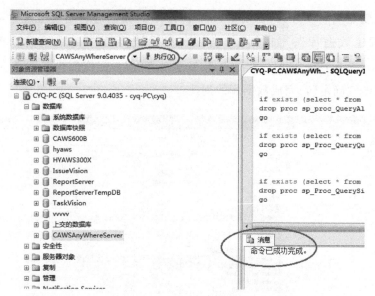

图 9.5 数据库执行

（2）数据库还原

选择需要还原的数据库，右键选择"任务"→"还原"→"数据库"选中"源设备"，选择还原来源，点击"添加"，选择需还原的数据库，单击"确定"。如果备份文件名称没有输入.bak 的后缀名，需将文件类型选择为所有文件才会显示备份的文件。

9.1.5 数据库常用操作命令

9.1.5.1 数据提取命令

实现对数据库部分要素或全部要素的提取操作，数据存储字符串及含义如表 9.1 所示。

表 9.1 数据存储字符串及含义

序号	字符串	含义	序号	字符串	含义	序号	字符串	含义
1	TT	时间	4	AD	过去 6 小时降水量	7	AEMX	人工加密观测降水量描述时间周期
2	ITT	小时降水	5	AE	过去 12 小时降水量	8	AFMX	人工加密观测降水量
3	AC	过去 3 小时降水量	6	AF	24 小时降水量	9	AFMXT	蒸发量

续表

序号	字符串	含义	序号	字符串	含义	序号	字符串	含义
10	AA	分钟降水	29	[BY]	最大风速	48	BXMXT	地表温度
11	AB	空气温度	30	BO	最大风速时间	49	BXMN	最高地表温度
12	AAMX	最高温度	31	BR	瞬时风向	50	BXMNT	最高地表时间
13	ABMX	最高温度时间	32	BQ	瞬时风速	51	BTMN	最低地表温度
14	ABMXT	最低温度	33	BE	极大风向	52	BTMNT	最低地表时间
15	BA	最低温度时间	34	BEMX	极大风速	53	BA_D3	过去12小时最低地面温度
16	BC	24小时变温	35	BEMXT	极大风速时间	54	BA_D6	5cm地温
17	BCMX	过去24小时最高气温	36	BEMN	过去6小时极大风速	55	BA_D12	10cm地温
18	BCMXT	过去24小时最低气温	37	BEMNT	过去6小时极大风向	56	BA_D24	15cm地温
19	BCMN	露点温度	38	BF	过去12小时极大风速	57	BA_MJMT	20cm地温
20	BCMNT	湿度	39	BG	过去12小时极大风向	58	BA_M	40cm地温
21	BD	最低湿度	40	BH	气压	59	BC_D24	80cm地温
22	BDMN	最低湿度时间	41	BI	海平面气压	60	BCMX_24	160cm地温
23	BDMNT	水气压	42	BJ	3小时变压	61	BCMN_24	320cm地温
24	BP	二分风向	43	BK	24小时变压	62	AFMX_D6	草面温度
25	BPMXT	二分风速	44	BL	最高气压	63	AEMX_D6	最高草面温度
26	BPMN	十分风向	45	BM	最高气压时间	64	AFMX_D12	最高草温时间
27	BPMNT	十分风速	46	BX	最低气压	65	AEMX_D12	最低草面温度
28	BB	最大风向	47	BXMX	最低气压时间	66	BP_D3	最低草温时间

续表

序号	字符串	含义	序号	字符串	含义	序号	字符串	含义
67	BP_D24	一分能见度	76	YZ_M	云状	85	DT1MX_M	冻土深度第1栏上限值
68	BE_D12	十分能见度	77	YZBM_M	云状编码	86	DT1MN_M	冻土深度第1栏下限值
69	HB1T	最小能见度	78	TXBM_M	现在天气现象编码	87	DT2MX_M	冻土深度第2栏上限值
70	HB10T	最小能见度时间	79	TXZQ_M	过去天气描述时间周期	88	DT2MN_M	冻土深度第2栏下限值
71	HB_M	人工能见度	80	GQTQ1_M	过去天气1	89	LJBM_M	龙卷、尘卷风距测站距离编码
72	YL_M	人工总云量	81	GQTQ2_M	过去天气2	90	LJBMF_M	龙卷、尘卷风距测站方位编码
73	DYL_M	人工低云量	82	DMZT_M	地面状态	91	DXJB_M	电线积冰（雨凇）直径
74	BBYL_M	编报云量	83	JXSD_M	积雪深度	92	BBZJ_M	最大冰雹直径
75	BU	云高	84	XY_M	雪压			

CAWS600B 数据库部分要素或全部要素进行操作命令如下，可以查询 2023 年 1 月 1 日之后的所有要素数据。

select [tabTimeData].[ID],[tabTimeData].[区站号],[tabTimeData].[入库时间],[tabTimeData].[通信方式],[tabTimeData].[日期时间],[tabTimeData].[电源状态],[tabTimeData].[瞬时风速],[tabTimeData].[瞬时风向],[tabTimeData].[二分风速],[tabTimeData].[二分风向],[tabTimeData].[十分风速],[tabTimeData].[十分风向],[tabTimeData].[极大风速],[tabTimeData].[极大风向],[tabTimeData].[极大风速对应时间],[tabTimeData].[最大风速],[tabTimeData].[最大风向],[tabTimeData].[最大风速对应时间],[tabTimeData].[分钟雨量],[tabTimeData].[一小时雨量],[tabTimeData].[十分钟最大雨强],[tabTimeData].[最大雨强出现时间],[tabTimeData].[空气温度],[tabTimeData].[最高气温],[tabTimeData].[最

高气温出现时间], [tabTimeData]. [最低气温], [tabTimeData]. [最低气温出现时间], [tabTimeData]. [相对湿度], [tabTimeData]. [最小湿度], [tabTimeData]. [最小湿度出现时间], [tabTimeData]. [本站气压], [tabTimeData]. [最高气压], [tabTimeData]. [最高气压出现时间], [tabTimeData]. [最低气压], [tabTimeData]. [最低气压出现时间]

from [tabTimeData]

where [tabTimeData]. [日期时间] >′2023-1-1 00：00：00′

order by [tabTimeData]. [日期时间]。

9.1.5.2 数据删除命令

由于分钟数据入库后数据量较大，且数据库只有一个 tabTimeData 表，当存储的数据超过一定的大小后将不允许进行操作，因此常常需要用到删除分钟数据命令，并对数据库进行压缩处理来解决上述问题。为保证数据库的正常运行及数据的完整，建议每年对数据库进行备份，并按照年分别还原数据库。

删除分钟数据命令如下：

delete from tabTimeData where (DATEPART (mi, 日期时间) ! = ′00′)。

由于 CAWSAnyWhere 数据库的表格为每个区站号单独建表，每个站点分别建立了 M 表和 H 表，因此需要逐条删除相关内容。

删除 2014 年 1 月 1 日以后的数据，具体删除方法如下：

DELETE FROM [cawsanywehereserver2010]. [dbo]. [MH＊＊＊＊]
　　WHERE TT>′2023-1-1 00：00：00′。

DELETE FROM [cawsanywehereserver2010]. [dbo]. [M＊＊＊＊＊]
　　WHERE TT>′2023-1-1 00：00：00′。

DELETE FROM [cawsanywehereserver2010]. [dbo]. [HH＊＊＊＊]
　　WHERE TT>′2023-1-1 00：00：00′。

9.1.5.3 数据统计命令

执行下面命令，统计 2017 年 5 月 15 日过去 24 小时的小时雨量的累积值。

select 区站号，sum (一小时雨量) as 日期时间 from tabtimedata where 区站号=′H＊＊＊＊′ and 日期时间>′2017-05-14 00：00′ and 日期时间<′2017-05-15 00：00′ GROUP BY 区站号。

9.2 中心站软件安装

在完成统一的数据库搭建后，需要使用中心站软件进行各类型自动气象站配置工作，目前在用的软件为 CAWSAnyWhereServer2010，该软件安装分为完整安装包安装、升级包安装、地图文件安装三步，按默认步骤安装即可，注意选择路径时，将路径 C 盘改成 D 盘。中心站软件主界面如图 9.6 所示。

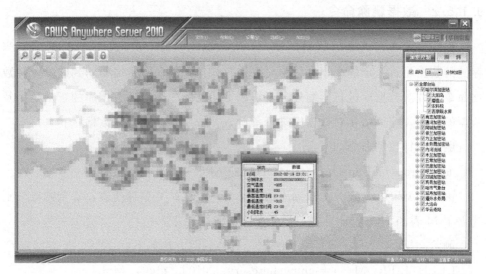

图 9.6　中心站软件主界面

9.3 软件参数设置

9.3.1 中心站参数设置

9.3.1.1 常规参数

启动 CAWSAnyWhere2010 中心站软件，选择"设置"→"中心站参数设置"，默认用户名：huayun 密码：1234，进入设置界面。在"常规设置"参数界面填入"中心站名称""中心气象台字母代号""经纬度"。

注意：自动补数只针对前 24 小时内缺失的整点数据，不包括缺失的加密数据。

9.3.1.2 数据收集

目前文件收集分为 FTP 收集和目录收集两种方式。

FTP 收集：通过 FTP 方式主动获取 FTP 服务器指定路径的数据文件，按软件正常的数据处理流程处理。比如：数据解析、数据的显示、数据入库和形成上传报文等。

目录收集：通过共享目录方式或者在本地建立 FTP 服务端，接收 FTP 上传的数据文件，按软件正常的数据处理流程处理。

9.3.1.3 数据库设置

勾选"数据入库"，填入数据库连接的 IP 地址（本机的数据库默认 127.0.0.1）、数据库名称（默认是"CAWSAnyWhereServer"），用户名：sa 和用户密码：sa。

9.3.1.4 其他设置

按图 9.7 的显示对数据加密上传、分发频率等进行设置，保存后软件自动重新启动。注意，数据的加密观测在中心站软件主界面右侧窗口进行设置。

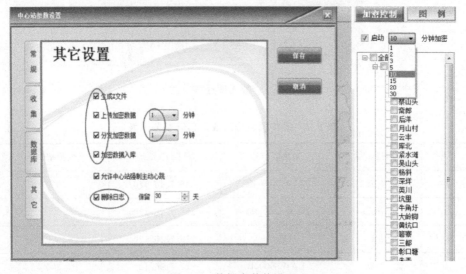

图 9.7　数据库其他设置

9.3.2 添加子站参数

（1）选择"设置"→"子站设置"，进入子站参数设置界面。选中"全部台站"节点，点击下方的"添加分类"，然后"添加子站"，在右方输入站点的基本信息，注意红圈的地方，按站点的要素设置。

（2）厂家特定参数设置。"应用宏定义解析"必须勾选；设置数据传输间隔，"加密数据收集间隔（分钟）"和"定时数据收集间隔（小时）"都设置成 1。

（3）通信参数设置。点击"下一步"，设置"主通信方式"，选择 GPRS/CDMA 方式，并填入端口号，如图 9.8 所示。在设置过程中，需要根据具体型号选择所对应的端口号，以保证设备正常工作，各采集器型号对应端口调整分配见表 9.2。

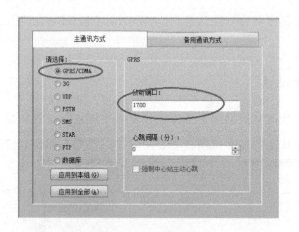

图 9.8　数据库通信方式

表 9.2　采集器型号对应端口调整分配表

序号	采集器厂家	采集器型号	发报 IP 地址	发报端口号
1	华云	CAWS300_JT	218.7.16.120	3001
2	华云	CAWS600_RT	218.7.16.120	3006
3	华云	HY_1100	218.7.16.120	3007
4	华云	CAWS600_B	218.7.16.120	3008

续表

序号	采集器厂家	采集器型号	发报 IP 地址	发报端口号
5	华云	CAWSQML201	218.7.16.120	3009
6	华云	芬兰 QM201	218.7.16.120	3010
7	华云	CAWS300X	218.7.16.120	3013
8	长春	DYYZ_RT	218.7.16.120	3014
9	方大	SKY_CJ04B	218.7.16.120	3017
10	无锡	WushBasicGprs	218.7.16.120	3018

（4）设置 FTP 上传参数与形成的上传文件类型

数据上传需进行参数设置，具体步骤如下：

① 在 CAWSAnyWhereServer2010 的安装目录中新建 upload 文件夹。

② 启动 CAWSAnyWhereServer2010 中心站软件后，在系统右下角托盘上，左键点击"立即传输"图标，进入选择菜单。

③ 点击"设置"，进入传送带设置参数界面。在"名称"里输入"数据上传"，点击"本地路径"按钮，选择新建的 upload 目录，填写需要发送的 FTP 服务端登录信息。然后点击"添加"按钮，把"数据上传"添加到"FTP 设置"的下拉框里。需要多路 FTP 发送的，请重复第三步。（注意：多路 FTP，要对应创建多个本地目录，如 upload01、upload02 等）。

④ 点击"传送选项"属性页面，勾选"启动定时 FTP 传送"和"传送完成后向 CAWSAnyWhereServer 提交完成信息"，传送时间改为：1min，设置完毕后，点击保存参数。在中心站主界面"选项"中选择"重启传送带"。

⑤ 在中心站软件主界面，选择"设置""子站设置"，进到子站参数设置界面，选择站点的分类。把每个分类右边出现的"上传到"里的路径全部勾上（传送带设置了多路 FTP，这里就会出现多个路径），点击"保存"按钮，重新启动中心站软件。

（5）FTP 传送带下载任务设置

FTP 传送带可将省数据中心气象资料转换为 Z 文件格式，分析气象数据收集、处理、存储和共享的全流程，研究气象数据的种类、格式、存储方式等，通过 C♯后台程序实现稳定的实时气象资料数据获取。如图 9.9 所示，上传文件工具界面可以直观显示数据的下载情况。

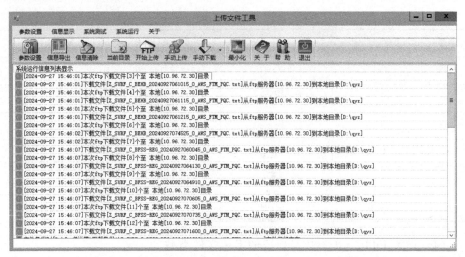

图 9.9 FTP 传送带软件

FTP 传送带支持多线程下载，程序设置了下载时间间隔，在设定的时间内下载数据。程序设置了整点后延迟的功能，以保证整点数据在已经存在的情况下进行下载。程序设置避免重复下载功能，可以避免多次下载。程序设计了自动下载前一个小时数据的功能，避免因站点时间设置不正确，数据提前生成，而影响观测数据的情况。为更好地处理下载的数据，将下载的国家站数据保存到给定文件夹下，设置了删除功能，方便维护。

为防止下载的数据量太大造成数据堵塞问题，程序设置了自动删除、下载备份功能。同时为防止删除时造成数据入库的影响，对国家站和自动气象站下载的数据分别设置了传输路径，做到分别备份和删除操作，保证了程序的正常运行。FTP 传送带软件缓存目录设置如图 9.10 所示。

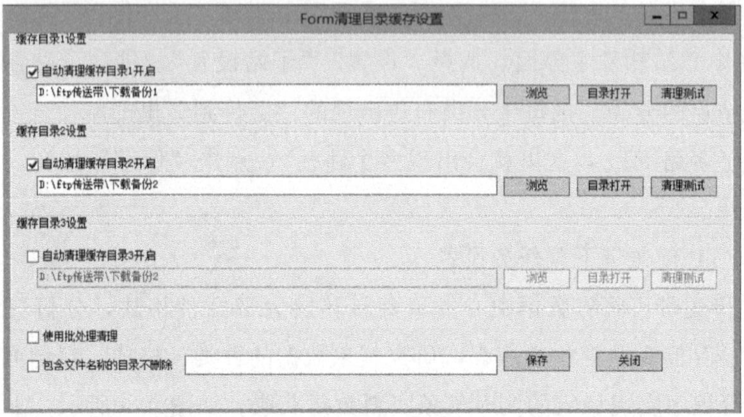

图 9.10 FTP 传送带软件缓存目录设置

9.4 数据宏修改

9.4.1 数据宏设置

由于自动气象站的型号较多，为解决多个型号的自动气象站同时入库的问题，需要引入数据宏概念，宏是解析采集器发送数据的一个协议字符串，是站点建立数据库表、数据解析和数据入库的依据。

站点的数据格式宏设置需要分别设置定时数据宏和分钟数据宏，通过点击"新建"，在右侧选择需要设置的台站，复制需要设置的数据宏，点击"设置"，完成数据宏的设置（图 9.11）。

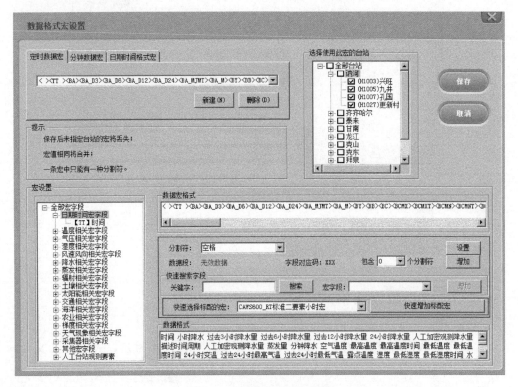

图 9.11 数据宏的添加操作

9.4.2 数据库配置

数据宏创建后需要在数据库里建立站点对应的数据表，这样数据才可以写入数据表中选取站点，如图 9.12 所示，点击"建表"激活"宏设置"编辑框，选取设备型号对应的定时数据宏字符串，复制进"宏设置"编辑框（注意：不可将回车换行符一同复制），把对应这条宏的站点全部勾选，然后点击"设置"按钮，即可完成批量宏配置，下方进度条显示创建完成情况。

分钟数据宏配置与之操作步骤相同。

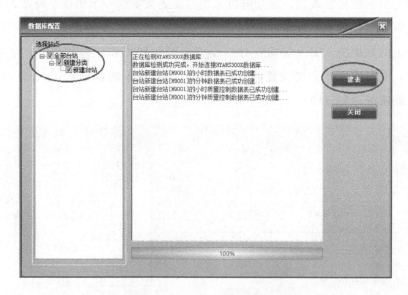

图 9.12 新建站点的数据库建表

注意：当建表失败时，请检查与数据库的连接是否畅通，检查宏定义要素是否有重复或者错误！

9.4.3 常用数据宏格式

常用的数据宏有分钟及小时宏，人工 Z 文件分钟及小时宏，人工长 Z 文件分钟及小时宏，以及一些需要手工设置的数据宏等，其中小时与分钟数据宏一致。自动气象站站分钟及小时宏字符串及中文释义如表 9.3 所示。

表 9.3 自动气象站分钟及小时宏字符串及中文释义

序号	字符串	含义	序号	字符串	含义	序号	字符串	含义
1	<TT>	时间	25	<BP>	气压	49	<BL>	160cm 地温
2	<AA>	瞬时风向	26	<BPMX>	最高气压	50	<BM>	320cm 地温
3	<AB>	瞬时风速	27	<BPMXT>	最高气压时间	51	<×××>	无效数据
4	<AC>	二分风向	28	<BPMN>	最低气压	52	<×××>	无效数据
5	<AD>	二分风速	29	<BPMNT>	最低气压时间	53	<×××>	无效数据
6	<AE>	十分风向	30	<×××>	无效数据	54	<×××>	无效数据
7	<AF>	十分风速	31	<×××>	无效数据	55	<×××>	无效数据
8	<AEMX>	最大风向	32	<×××>	无效数据	56	<×××>	无效数据
9	<AFMX>	最大风速	33	<BX>	草面温度	57	<×××>	无效数据
10	<AFMXT>	最大风速时间	34	<BXMX>	最高草面温度	58	<×××>	无效数据
11	<AAMX>	极大风向	35	<BXMXT>	最高草温时间	59	<×××>	无效数据
12	<ABMX>	极大风速	36	<BXMN>	最低草面温度	60	<×××>	无效数据
13	<ABMXT>	极大风速时间	37	<BXMNT>	最低草温时间	61	<×××>	无效数据
14	<B1B>	1min 降水	38	<BE>	地表温度	62	<×××>	无效数据
15	<BB>	分钟降水	39	<BEMX>	最高地表温度	63	<×××>	无效数据
16	<BA>	小时降水	40	<BEMXT>	最高地表时间	64	<×××>	无效数据
17	<BC>	空气温度	41	<BEMN>	最低地表温度	65	<×××>	无效数据
18	<BCMX>	最高温度	42	<BEMNT>	最低地表时间	66	<×××>	无效数据
19	<BCMXT>	最高温度时间	43	<BF>	5cm 地温	67	<×××>	无效数据
20	<BCMN>	最低温度	44	<BG>	10cm 地温	68	<×××>	无效数据
21	<BCMNT>	最低温度时间	45	<BH>	15cm 地温	69	<×××>	无效数据
22	<BD>	湿度	46	<BI>	20cm 地温	70	<OE>	电源电压
23	<BDMN>	最低湿度	47	<BJ>	40cm 地温	71	<OD>	主板温度
24	<BDMNT>	最低湿度时间	48	<BK>	80cm 地温			

示例：

<TT><AA><AB><AC><AD><AE><AF><AEMX><AFMX><AFMXT><AAMX><ABMX><ABMXT><B1B><BB><BA><BC><BCMX><BCMXT><BCMN><BCMNT><BD><BDMN><BDMNT><BP><BPMX><BPMXT><BPMN><BPMNT><×××><×××><×××><×××><BX><BXMX><BXMXT><BXMN><BXMNT><BE><BEMX><BEMXT><BEMN><BEMNT><BF><BG><BH><BI><BJ><BK><BL><BM><×××><×××><×××><×××><×××><×××><×××><×××><×××><×××><×××><×××><×××><×××><×××><×××><×××><×××><OE><OD>

9.4.4 数据宏字段的修改

数据宏字段的修改的具体步骤如下。

① 将修改工具程序复制到中心站软件安装目录下。

② 打开软件，正确设置数据参数，软件会自动读取软件安装目录下的clients参数。

③ 勾选需要修改自动的子站，然后在下面配置分钟宏和小时宏，再点执行就可以了。

④ 宏字段修改后，需要对中心站软件中站点的数据宏进行更新，方可进行数据解析。原来数据库的多余的字段不会被删掉，但是也不会影响新的数据入库。原来的历史数据仍可以查询。

9.5 数据库实时转换工具

随着软件升级为统一版自动气象站软件，部分旧程序仍然在原数据库运行，为了保证它与CAWSAnyWhere更好地衔接，相关人员开发了可以实现统一版自动气象站数据库与CAWSAnyWhere数据库的实时转换的工具软件，具体转化操作如下：

① 在 CAWS600B 数据库中，点击"新建查询"，把存储过程脚本里的内容复制进去，然后点击"运行"。执行完存储过程就把数据库的格式进行了对应。

② 点击桌面上的华云数据库转换工具启动软件。

③ 软件首次启动，不存在站点信息，需要进行自动气象站统一版软件的站点信息的读取。点击软件界面"从配置文件导入"按钮，选择统一版软件的 Config 文件夹，点击确定，站点信息自动导入，点击"保存"站点信息。

④ 设置数据库参数，如图 9.13 所示，选择界面上"数据库参数"属性页，填入自动气象站统一版软件和 CAWSAnyWhere 数据库信息，点击"保存按钮"保存参数。需要正确输入数据库名、用户名、密码、端口号等信息。

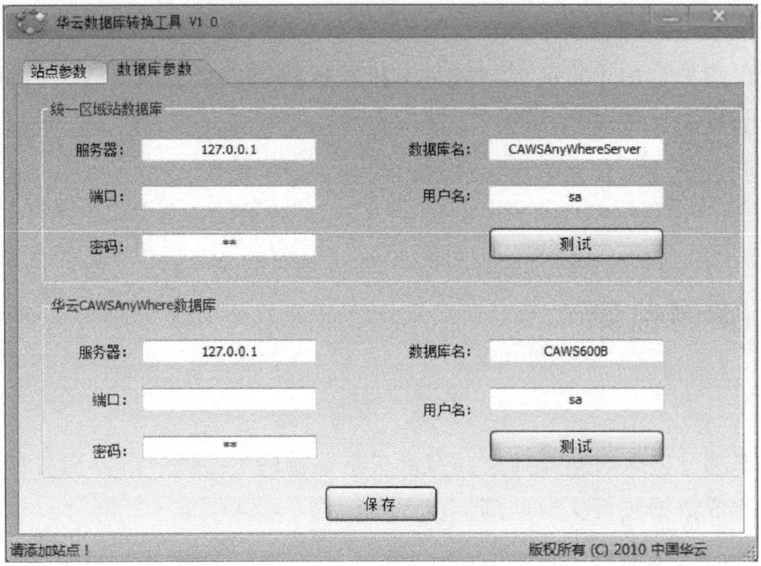

图 9.13　数据库参数设置

⑤ 重新启动软件，软件即开始查找相应的数据，并按照转换方向完成转换。

注意：在首次使用软件时，软件默认的时间需要进行修改，否则软件将无法自动转换。分钟数据进行转换时，需要将时间修改为接近现在的时间段。在转换时可以通过日志查询数据的转换情况。

转换错误的原因通常有以下几种：一是数据库内容太多造成无法转换；二是数据库参数设置不正确；三是选择的 Config 文件出现错误。因此，在实际工作中，要注意以上内容以保证数据的及时转换。

第 10 章

数据保障平台建设

数据保障平台用于对区域站实时上传数据状态进行监测,查询数据获取率,同时具有数据统计查询的功能。主要内容有实时监测、图表监测、数据查询、数据统计、到报统计、台站信息、区域设置等 7 个子模块。

10.1 实时监测

实时监测分为实时状态监测和常规要素监视两个功能,可分别对自动站状态和自动站生成数据进行实时监测。

(1) 实时状态监测

实时状态监测可在卫星图上显示区域站位置以及实时状态(绿色为在线状态、红色为离线状态)并实时统计在线站点数。

(2) 常规要素监测

常规要素监测可实时监测区域站降水、温度、最高气温、最低气温、湿度、风速、设备电压、气压等 8 种数据。由于气象数据具有空间一致性,通过对比相邻站点实时数据可快速分辨出数据是否出现疑误。

10.2 图表监测

图表监测分为实时数据监视、整点数据监视、电池电压监视、报文逾限监视等4个功能，以图表形式对生成的分钟数据、小时数据、电池电压、报文到报状态进行监视。

(1) 实时数据监视

实时数据监视可以监视温度、湿度、露点、水汽压、瞬时风向风速、2min风向风速、10min风向风速、气压、海平面气压、分钟降水等区域站所产生的气象数据，还可以监视主板温度、电源电压、信号强度、误码率、子电源电压等设备状态数据。除此之外，还可以监视设备自检状态，检查采集器、通信、电压、GPS模块状态。图10.1为某站点的实时数据监视图。

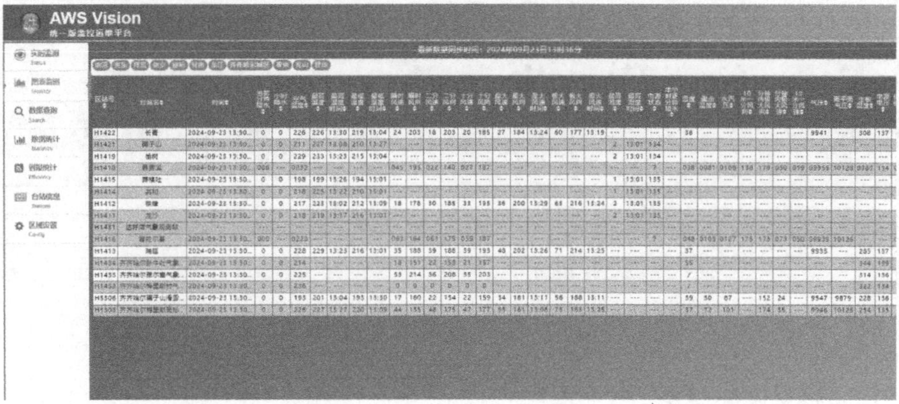

图10.1 实时数据监视图

(2) 整点数据监视

整点数据监视（图10.2）主要用于整点小时数据监视，增加了最高温度、最高温度出现时间、最低温度、最低温度出现时间、最低湿度及最低湿度出现时间等极值信息。

(3) 电池电压监视

冬季低温对电池寿命影响很大，当电池进入亏电状态会启动低压保护，导致自动站供电受阻，如图10.3所示，此表用于监视各个自动站电池电压，对电池状态进行直观判断。

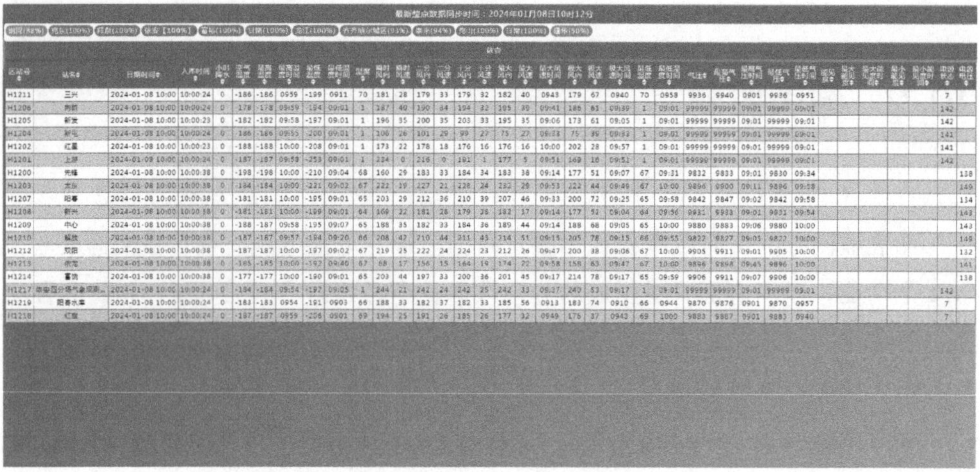

图 10.2　整点数据监视图

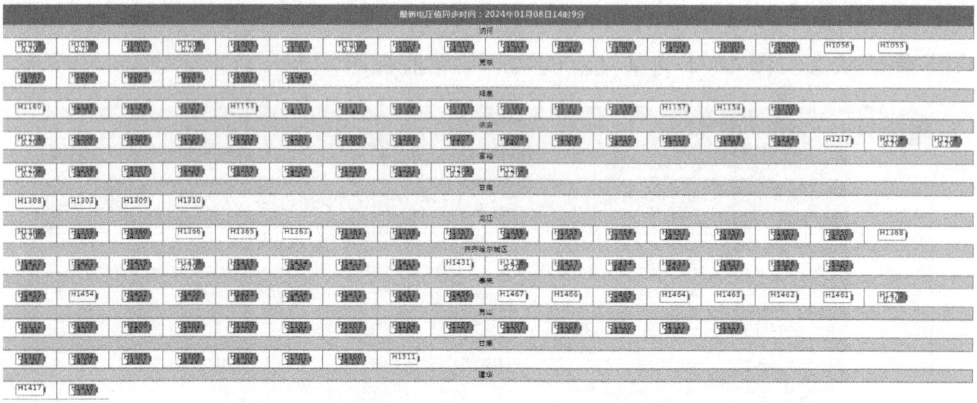

图 10.3　电池电压监视图

(4) 报文逾限监视

表 10.1 列举了报文及时率的分类情况，通过对报文生成时间和接收时间进行对比，对报文及时率进行分析。图 10.4 显示了某站点的报文逾限监视图。

表 10.1　报文及时率划分表

及时率	时差
报文及时	时差≤6min
报文迟报	6min＜时差≤15min
报文逾限	15min＜时差≤60min
报文缺报	60min＜时差

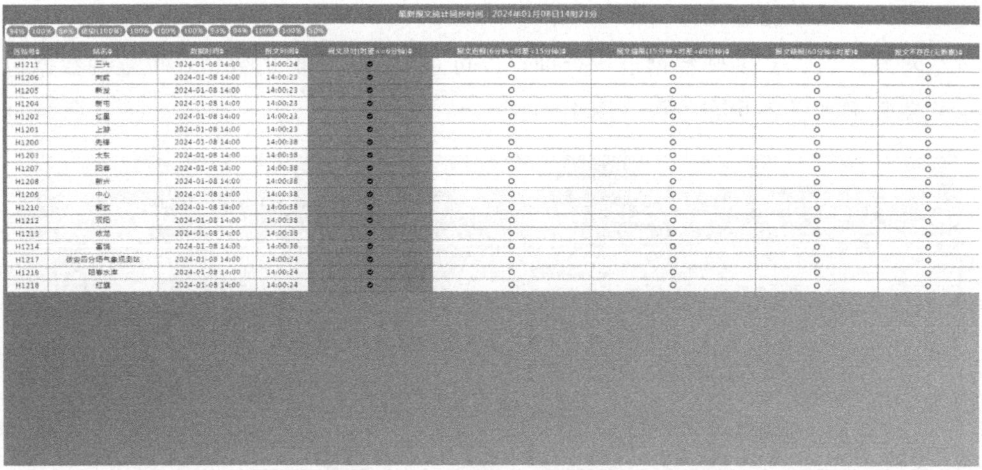

图 10.4　报文逾限监视图

10.3　数据查询

数据查询分为单站数据查询和多站数据查询两个功能，分别用于单个气象站逐小时数据查询和多站点某一小时数据查询。

（1）单站数据查询

对单一自动站逐小时数据进行查询，数据加密后可查询逐分钟数据，可查询数据包括气象数据、设备状态数据和设备自检数据（图10.5）。

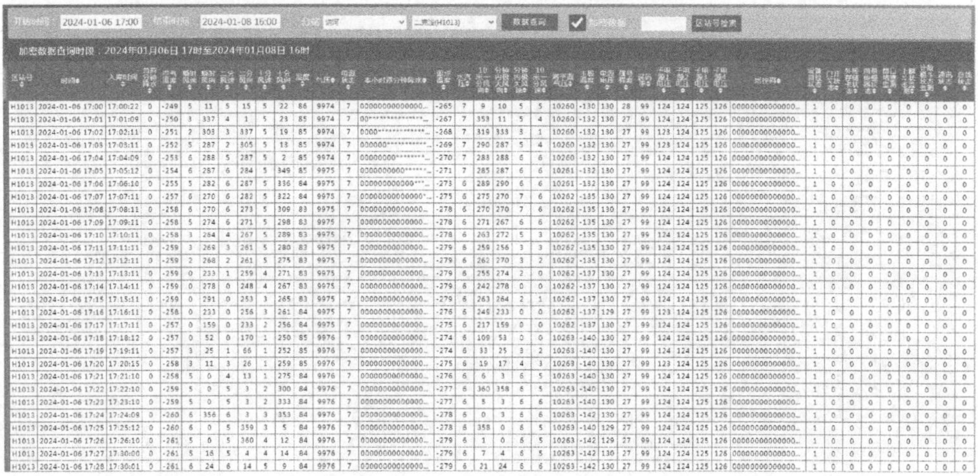

图 10.5　单站数据查询图

(2) 多站数据查询

对某一区、县多站数据进行查询，仅可查询某一小时的数据，可查询数据包括气象数据和设备状态数据（图10.6）。

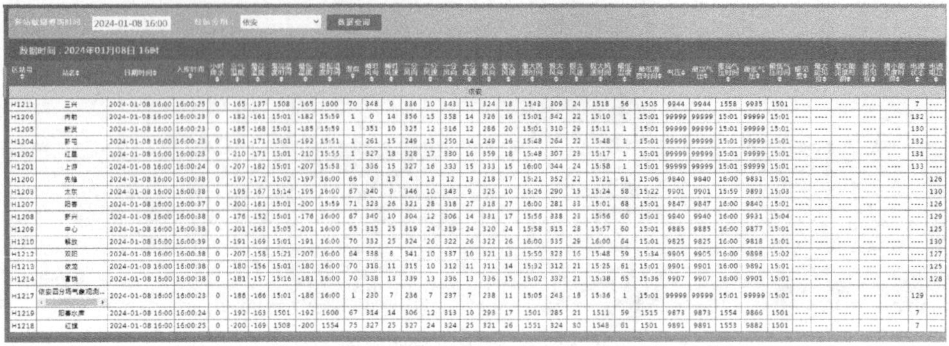

图10.6 多站数据查询图

10.4 数据统计

数据统计主要用于数据到报率、数据极值的统计以及数据曲线的生成，分为单站数据统计、单站曲线统计、多站数据统计等3个功能。

(1) 单站数据统计

用于统计某一时间段内，单个自动站数据到报情况，以及该时段内气象要素最值和最值出现时间。到报及时率划分见图10.7。

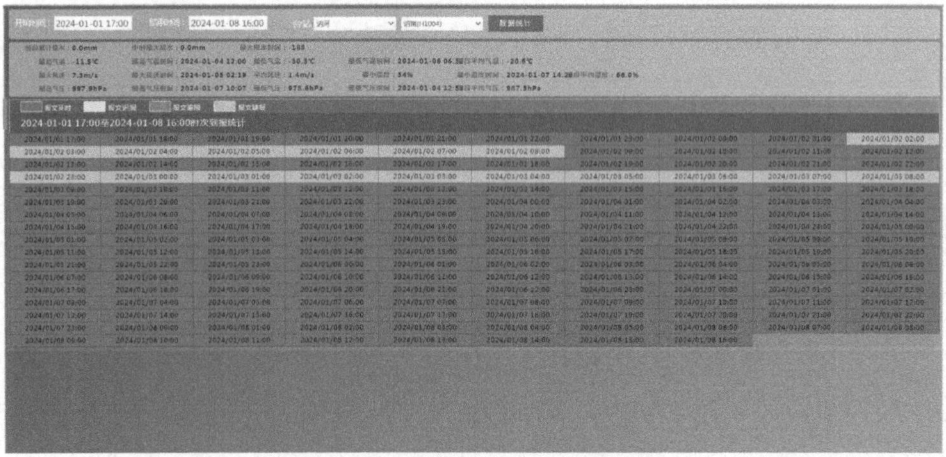

图10.7 单站数据统计图

(2) 单站曲线统计

用于统计单个站点某一自定时间段内的温湿图、温雨图、风玫瑰图和电压图，时间单位为小时，经加密后可生成时间单位为分钟的曲线图，如图 10.8 所示，其中风玫瑰图支持分别查询瞬时风向风速、2min 风向风速和 10min 风向风速，右侧数据表可对风向频次和平均风速进行统计。

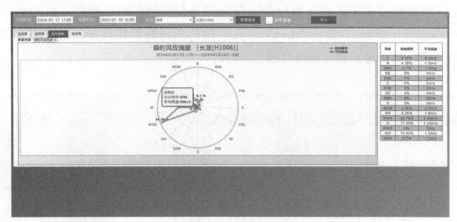

图 10.8　瞬时风玫瑰图

(3) 多站数据统计

多站数据统计支持对全部台站某一自定时间段内，气象数据平均值、最值及其出现时间进行统计，包括累计降水、最大小时降水及其出现时间、最大风速及其出现时间、平均温度、最高气温及其出现时间、最低气温及其出现时间、平均湿度、最大湿度及其出现时间、最小湿度及其出现时间、最高气压及其出现时间、最低气压及其出现时间等（图 10.9）。

图 10.9　多站数据统计图

10.5 到报统计

到报统计主要用于查询某一自定时间内各台站数据到报情况，可分别查询 0~5min、5~10min、10~15min、自定时段的到报数和到报率，到报率为零会记为故障，从而重点红色标注（图 10.10）。

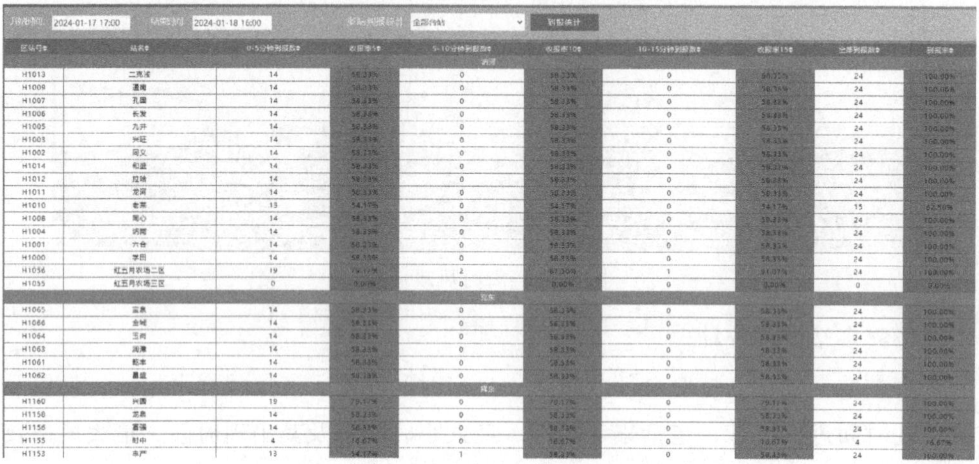

图 10.10 到报统计图

10.6 台站信息

台站信息图（图 10.11）用于汇总各台站的详细参数，以县级为单位进行划分，点开某一台站即可查看参数（图 10.12），可查询到站号、站点名称、台站类型、仪器厂商、设备型号、通信方式、经纬度、站址、海拔高度、气压表海拔高度、观测要素等相关内容。

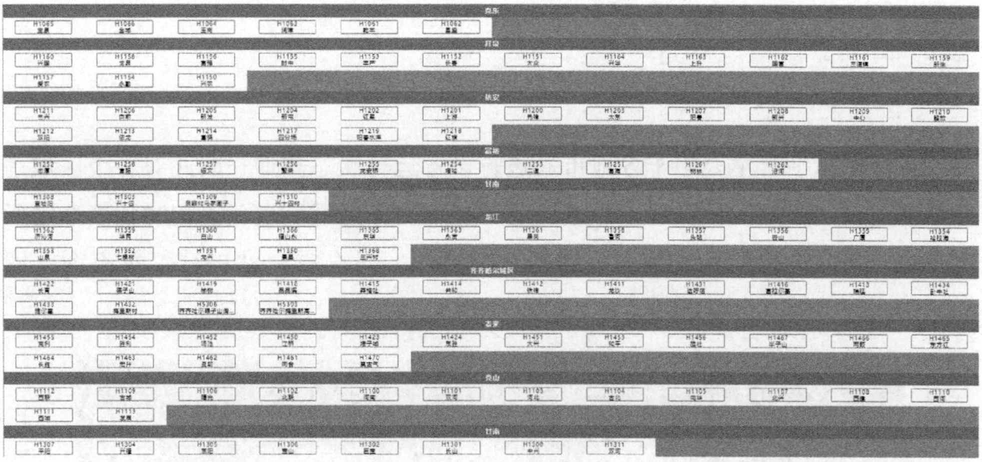

图 10.11 台站信息图

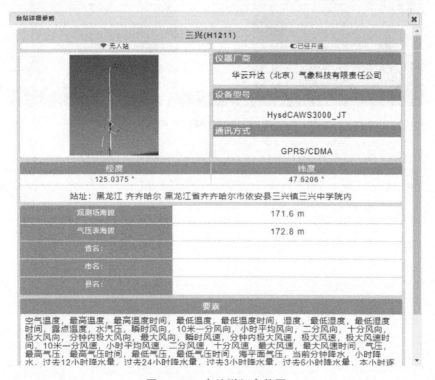

图 10.12 台站详细参数图

10.7 区域设置

数据保障平台主要用于各地市局进行设备运行状态查询,因此对各个区域进行单独划分,通过区域设置,可选择所对应的服务区域,避免查询时频繁选定所属台站,如需进行统一查询,可选择全部台站,对全省台站进行汇总查询(图10.13)。

图 10.13　区域设置图

参考文献

[1] 陈爽,梁桂彦,关屹瀛.自动气象站维护及常见故障排查[J].气象,2005(1):87-88.

[2] 黄本锋,安学银,孙衍晓,等.自动气象站数据采集故障的诊断[J].山东气象,2006(2):74-75.

[3] 陈星聪.区域自动气象站维护和技术保障[J].气象水文与海洋仪器,2009(4):68.

[4] 汪贵彬.使用CAWSAnyWhereServer2013接收宏电DTU传输数据的方法[J].电脑知识与技术,2015,11(20):41-44.

[5] 孙涛.宏电DTU和组态王在远程监控系统中的配合应用[J].电世界,2013,54(02):8-13.

[6] 周艳玲.区域自动站故障分析与日常维护[J].科技信息,2010(1):55.

[7] 汪波.CAWS600系列区域自动站常见故障总结[J].福建气象,2008(6):39-40.

[8] 石天青.用手机检测区域自动站的实用方法[J].山东气象,2008(4):68.

[9] 刘晋生.区域自动气象站常见故障的分析与排除[J].现代农业科技,2007(16):239.

[10] 胡玉峰.自动气象站原理与测量方法[M].北京:气象出版社,2004:30-50.

[11] 北京华创升达高科技发展中心.CAWS600型自动气象站技术及使用说明书[S].2002.

[12] 北京华创升达高科技发展中心.CAWS600型自动气象站维修手册[S].2004.

[13] 江苏省无线电科学研究所有限公司.梯度通量监测系统方案[S].2014.

[14] 王昊,许士国,孙砳石.40a气候变化对扎龙湿地蒸散影响分析[J].大连理工大学学报,2007,47(1):119-124.

[15] 孙砳石,柏林,刘艳,等.气候变化对扎龙湿地景观破碎化过程的影响[J].湿地科学与管理,2018,14(03):40-44.

[16] 孙砳石,高永刚,申延美,等.嫩江流域百年洪枯变化对扎龙湿地生态环境的影响[A].第十二届中国科协年会第五分会场全球气候变化与碳汇林业学术研讨会,2010,151-155.

[17] 航天新气象科技有限公司.WUSH-PWS10型智能区域自动气象站用户手册[S].2022.

[18] 孙砳石,王昊.扎龙湿地周边区域极端气温不对称变化分析[J].气象,2006,(05):22-28.

[19] 苑金治,吴绍洪,戴尔阜,等.1961—2015年中国气候干湿状况的时空分异[J].中国科学:地球科学,2017,V,47(11):1339-1348.

[20] 王凌,谢贤群,李运生,等.中国北方地区40年来湿润指数和气候干湿带界限的变化[J].地理研究,2004,23(1):45-54.

[21] 胡琦,董蓓,潘学标,等.1961—2014年中国干湿气候时空变化特征及成因分析[J].农业工程学报,2017,33(6):124-132.

[22] 洪兴骏,郭生练,周研来.标准化降水指数SPI分布函数的适用性研究[J].水资源研究,2013,2:33-41.

[23] 袁文平,周广胜.标准化降水指标与Z指数在我国应用的对比分析[J].植物生态学报,2004,28(4):523-529.

[24] 崔丽娟, 鲍达明, 肖红, 等. 湿地生态用水计算方法与应用实例[J]. 水土保持学报, 2005, 19(2): 147-151.

[25] 张虹, 郑科平, 云娟等. 华云CAWS600系列区域气象站的维护[J]. 内蒙古气象, 2012(06): 38-39.

[26] 杜衍君, 王锡芳, 郭瑞宝. 区域自动气象观测站常见故障分析及排除[J]. 气象水文海洋仪器, 2008(02): 42-44.

[27] 蒋涛, 孟宪罗, 甄树勇. 气象用PTB系列气压传感器通用性的研究[J]. 计量与测试技术, 2016, 43(10): 20-22, 24.

[28] 黄增林, 李崇福, 张继光, 等. EL15-2C型风向传感器的结构原理分析[J]. 电子世界, 2015(15): 158-159.

[29] 中国气象局气象探测中心. 新型自动站实用手册[M]. 北京: 气象出版社, 2015: 97-100.

[30] 中国气象局综合观测司. 气象装备技术保障手册. 自动气象站[M]. 北京: 气象出版社, 2011: 1-10.

[31] 何文常. WUSH-PWS10型智能区域气象站日常维护及故障分析[J]. 工程与管理科学, 2022, 4(3): 19-21.

[32] 杜传耀, 张天明, 于丽萍, 等. 双翻斗和称重雨量传感器的数据对比分析[J]. 气象水文海洋仪器, 2016, 33(4): 5.

[33] 李鹏, 余国河, 陈涛, 等. 电容式冻土测量传感器设计[J]. 传感器与微系统, 2014, 33(1): 4.

[34] 苗传海, 孙丘宁, 郭宗凯, 等. 冻土自动观测仪器设计与应用[J]. 气象水文海洋仪器, 2020, 37(3): 5.

[35] 孙艳云, 丛郁, 张智奇, 等. 测温式冻土自动观测仪的研制[J]. 中国科技成果, 2019(21): 3.

[36] 地面气象自动观测规范[M]. 北京: 气象出版社, 2020, 35-38.

[37] 谢非, 韦丽英, 陆婷, 等. CAWSmart型智能自动气象站系统介绍[J]. 中文科技期刊数据库(全文版) 自然科学, 2023(7): 001-005.

[38] 华云升达(北京)气象科技有限责任公司. CAWSmart智能自动气象站用户手册[S]. 2022.

[39] 汪贵彬. 华云公司中心站软件CawsAnyWhereServer2010使用心得[J]. 电脑知识与技术, 2013(11): 7168-7172.

[40] 谢庆荣, 张家斌. 基于华云统一中心站软件的保障维护分析[J]. 数字技术与应用, 2018(03): 75-76.

[41] 刘波. 气象站的家族有多大, 你知道吗[J]. 气象知识, 2017(4): 1.